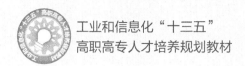
工业和信息化"十三五"
高职高专人才培养规划教材

Web 前端技术

项目式教程

HTML5+CSS3+Flex+Bootstrap

唐彩虹 张琳霞 曾浩 主编

孙素云 冼广淋 副主编

U0300341

Web Design with HTML5, CSS3, Flex and Bootstrap

人民邮电出版社

北京

图书在版编目（ＣＩＰ）数据

Web前端技术项目式教程：HTML5+CSS3+Flex+
Bootstrap / 唐彩虹，张琳霞，曾浩主编. -- 北京：人
民邮电出版社，2020.7（2023.1重印）
工业和信息化"十三五"高职高专人才培养规划教材
ISBN 978-7-115-53480-4

Ⅰ. ①W… Ⅱ. ①唐… ②张… ③曾… Ⅲ. ①超文本
标记语言－程序设计－高等职业教育－教材②网页制作工
具－高等职业教育－教材③软件工具－程序设计－高等职
业教育－教材 Ⅳ. ①TP312.8②TP393.092.2③TP311.56

中国版本图书馆CIP数据核字(2020)第079408号

内 容 提 要

本书以一个完整旅游公司网站的开发项目为主线，贯穿所有知识点，较为全面地介绍了 Web 前端
开发中使用 HTML5 和 CSS3 标准化重构网页的技术。

全书共 10 个任务，包括初探 Web 前端技术、使用 HTML5 搭建旅游公司网站首页结构、使用
DIV+CSS 实现旅游公司网站首页布局、使用 CSS3 美化超链接、使用 CSS3 制作导航、美化网页、添
加用户交互界面——表单、使用 Flex 实现网页响应式布局、使用 Bootstrap 实现网页响应式布局、综
合练习——儿童玩具商城网站设计与制作等。每一任务都配有课后练习，帮助读者及时巩固所学知识；
最后一章的综合练习帮助读者进一步提升网页设计与制作的技能实践水平。

本书可用作高职高专院校计算机网络、数字媒体技术、计算机软件技术、计算机应用、计算机信
息管理等专业"网页制作"相关课程的教材，同时也适合作为对 Web 前端技术有兴趣的爱好者的学习
参考书。

♦ 主　编　唐彩虹　张琳霞　曾　浩
　　副 主 编　孙素云　冼广淋
　　责任编辑　桑　珊
　　责任印制　王　郁　马振武

♦ 人民邮电出版社出版发行　　北京市丰台区成寿寺路 11 号
　　邮编 100164　电子邮件 315@ptpress.com.cn
　　网址 https://www.ptpress.com.cn
　　固安县铭成印刷有限公司印刷

♦ 开本：787×1092　1/16
　　印张：13.75　　　　　　　　2020 年 7 月第 1 版
　　字数：336 千字　　　　　　 2023 年 1 月河北第 7 次印刷

定价：46.00 元

读者服务热线：(010)81055256　印装质量热线：(010)81055316
反盗版热线：(010)81055315
广告经营许可证：京东市监广登字20170147号

前言 FOREWORD

Web 前端技术工程师的工作任务之一就是使用 HTML 和 CSS 将网页效果图转化为代码，制作出"静态网页"。本书从开发人员的角度入手，细致、全面地介绍了制作符合 Web 标准的网页所需的知识。

本书基于工作过程的教学思想，将一个典型网站的实现过程分解成若干子任务。每个子任务的讲解，都是围绕任务描述、知识引入、任务实现、任务拓展（任务一与任务十除外）、任务小结、课后练习 6 个部分展开的。通过这 6 个部分内容的前后衔接，层层递进，让读者在完成任务的过程中自然而然地学到网页制作中的各项知识和技能。值得一提的是，本书对开发当前主流的"多屏"兼容的响应式网页进行了详细讲解。另外，本书附有配套源代码、教学课件、扫码看资源等，便于教师教学及学生自学。

全书共分为 10 个任务，下面分别对每个任务进行简单的介绍。

（1）任务一介绍了 Web 前端技术的基础知识。通过本章的学习，读者能够了解网页的基本概念以及 Web 标准的构成，掌握使用 Sublime Text 3 软件创建一个简单网页的方法。

（2）任务二介绍了使用 HTML5 搭建网页结构的方法。通过本章的学习，读者应掌握 HTML5 的常用标签，能够熟练使用 HTML5 的各类标签将网页内容表示出来。

（3）任务三介绍了网页布局的核心内容，详细讲解了 CSS 选择器、盒子模型，以及如何使用 DIV+CSS 布局网页。

（4）任务四和任务五主要介绍用于美化超链接的 CSS3 样式，以及制作网页各类导航的方法。

（5）任务六主要介绍使用 CSS3 美化网页文本、背景、边框的方法。

（6）任务七主要介绍使用 HTML5 标签制作表单及使用 CSS3 美化表单的方法。

（7）任务八和任务九主要介绍了响应式网页的基础知识，要求读者通过学习，能够熟练使用 Flex 布局和 Bootstrap 框架制作响应式网页。

（8）任务十通过完整制作一个响应式电子商务网站让读者巩固前面所学知识。

本书的参考学时为 48～64 学时，建议采用理论实践一体化的教学模式，各任务的参考学时见下面的学时分配表。

学时分配表

项目	课程内容	学时
任务一	初探 Web 前端技术	2～4
任务二	使用 HTML5 搭建旅游公司网站首页结构	6～8
任务三	使用 DIV+CSS 实现旅游公司网站首页布局	6～8
任务四	使用 CSS3 美化超链接	2
任务五	使用 CSS3 制作导航	2～4
任务六	美化网页	2～4

续表

项目	课程内容	学时
任务七	添加用户交互界面——表单	4~6
任务八	使用 Flex 实现网页响应式布局	6~8
任务九	使用 Bootstrap 实现网页响应式布局	6~8
任务十	综合练习——儿童玩具商城网站设计与制作	12
课时总计		48~64

由于编者水平有限，书中难免存在不妥之处，殷切希望广大读者批评指正。同时，若读者发现错误，恳请于百忙之中及时与编者联系，以便尽快更正，编者将不胜感激。E-mail：iristanglin@126.com。

编　者

2020 年 2 月

目录　CONTENTS

任务三

使用 DIV+CSS 实现旅游公司网站首页布局 36

任务八

使用 Flex 实现网页响应式布局 ····················· 135

任务九

使用 Bootstrap 实现网页响应式布局 ·············· 153

任务十

任务一

初探Web前端技术

01

学习目标

① 了解网页和网站的基本概念

② 了解 Web 标准的构成及 Web 前端技术的发展

③ 掌握网页开发工具的使用

任务描述

广东云景旅游公司是一家经营旅游文化产业的公司，因公司发展的需要准备建设网站。接到网站制作任务的是前端工程师 Peter。公司员工 John 想借此机会跟着 Peter 学习。因为 John 在网页制作方面没有基础，Peter 打算从网页制作基础知识开始，逐步教会 John 制作网页的技能。

本任务的具体要求如下。

- 网页开发工具的安装与使用。
- 制作网页并预览。

知识引入

在正式开始制作网页之前，John 有必要先了解网页相关的基本概念，以及 Web 标准的构成。俗话说："工欲善其事，必先利其器。"对网页开发工具的熟练使用也是制作网页的必备基本功。

1. 网站、网页和主页

（1）网站

网站是由多个网页组成的，但网站不是网页的简单罗列组合，而是由超链接方式组成的具有统一风格的有机整体，如图 1-1 所示。

（2）网页

网页指网站中的一个页面，其主要由文本、图像、超链接、表格、表单、动画、声音和视频等构成，如图 1-2 所示。

网站欣赏

（1）　　　　　　　　　　（2）　　　　　　　　　　（3）

图 1-1　北京大学首页及二级页面

图 1-2　常见网页元素形式

网页的本质是代码，它分为静态网页和动态网页。

静态网页的文件扩展名为 html。静态网页一旦制作完成，内容就不再变化。如果要修改网页的内容，就必须修改其源代码，然后将源代码重新上传到服务器上。静态网页在互联网上比较少见，但类似活动宣传的页面一般都是静态网页，原因是静态网页开发成本低，在活动结束后页面可以即刻下线，如图 1-3 所示。

动态网页的文件扩展名为 php 或 jsp 等。动态网页在静态网页的基础上插入了向数据库请求的代码，使数据库中的最新数据可以及时更新并显示在页面上。互联网上的绝大多数网页都是动态的，如图 1-4 所示，"太平洋电脑网"首页的新闻和快讯板块的内容都是实时更新的。

图 1-3　万圣节活动宣传页面

图 1-4　太平洋电脑网首页

　　本书介绍静态网页的开发。静态网页的开发不需要任何编程基础，能够快速上手。而动态网页开发是基于静态网页代码的。因此网页开发的学习路线是先"静"后"动"。

　　（3）主页

　　主页也称首页，是在浏览器打开某个网站后用户首先看到的页面，它承载着网站中所有指向二级页面或其他网站的链接信息，如图 1-5 所示。

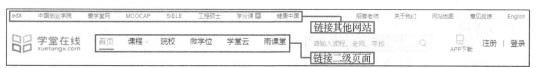

图 1-5　主页导航

2. 什么是 Web 和 Web 标准

全球广域网（World Wide Web，Web）也称为万维网，是一种基于超文本和 HTTP 的、全球性的、动态交互的、跨平台的分布式图形信息系统，是建立在 Internet 上的一种网络服务，为浏览者在 Internet 上查找和浏览信息提供了图形化的、易于访问的直观界面，其中的文档及超级链接将 Internet 上的信息节点组织成一个互为关联的网状结构。

Web 标准是由 W3C 和其他标准化组共同制定的一套规范集合，目的在于创建统一的用于 Web 表现层的技术标准，以便通过不同的浏览器或终端设备向最终用户展示信息内容。

目前的 Web 标准主要由三大部分组成：结构（Structure）、表现（Presentation）、行为（Behavior）。真正符合 Web 标准的网页设计是指能够灵活使用 Web 标准对 Web 内容进行结构、表现与行为的分离。

（1）结构（Structure）

Web 标准的构成

结构用于对网页中用到的信息进行分类与整理。在结构中用到的技术主要包括 HTML、XML 和 XHTML。

（2）表现（Presentation）

表现用于对信息进行版式、颜色、大小等形式的控制。在表现中用到的技术主要是 CSS。

（3）行为（Behavior）

行为是指文档内部的一个模型定义及交互行为的编写，在行为中用到的技术主要包括 DOM 和 ECMAScript。

- 文档对象模型（Document Object Model，DOM）：DOM 是浏览器与内容结构之间沟通的接口，使浏览者可以访问页面上的标准组件。

- ECMAScript：ECMAScript 是标准脚本语言，用于实现具体界面上对象的交互操作。

> **提示** 对于一个网页，HTML 定义网页的结构，CSS 描述网页的样子，JavaScript 设置一个网页的行为。打个比方，HTML 就像一个人的骨骼、器官；而 CSS 就是人的皮肤，有了这两样也就构成了一个植物人了；再加上 JavaScript，这个植物人就可以对外界刺激做出反应，可以思考、运动、可以给自己美容化妆（通过改变 CSS），成为一个活生生的人。

3. Web 前端技术的发展

2005 年以后，互联网进入 Web 2.0 时代，各种类似桌面软件的 Web 应用大量涌现，网站的前端由此发生了翻天覆地的变化。网页不再只承载单一的文字和图片，各种富媒体让网页的内容更加生动，网页上软件化的交互形式为用户提供了更好的使用体验。这些都是基于前端技术实现的。无论是开发难度上，还是开发方式上，现在的网页制作都更接近传统的网站后台开发，所以现在不再称其为网页制作，而是叫 Web 前端开发。

从狭义的定义来看，"前端开发"是指围绕 HTML、JavaScript、CSS 这样一套体系的开发技术。

网页交互

4. 搭建 Web 前端开发环境

网页开发工具种类众多，比如 Dreamweaver、EditPlus、Sublime Text 等。本书案例使用 Sublime Text 3 开发，它是一个轻量、简洁、高效、跨平台的编辑器，在企业开发中被广泛使用。下面介绍 Sublime Text 3 的安装与使用方法。

读者可在 Sublime Text 官网自行下载 Sublime Text 3 软件。然后按照步骤安装软件。

① 首先双击软件安装包进入图 1-6 所示的界面，单击"Next"按钮进入下一步。

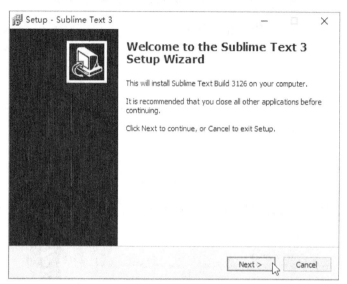

图 1-6　安装步骤 1

② 可直接在默认路径安装软件，也可更改软件安装路径，如图 1-7 所示。然后单击"Next"按钮进入下一步。

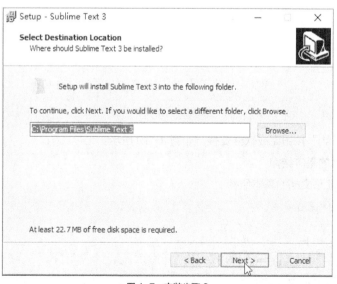

图 1-7　安装步骤 2

③ 在图 1-8 所示的对话框中勾选"Add to explorer context menu"复选框后，Sublime Text 3 就被添加到右键的快捷菜单中。当右键单击网页文件时，可以直接使用 Sublime Text 3 打开该网页文件。然后单击"Next"按钮进入下一步。

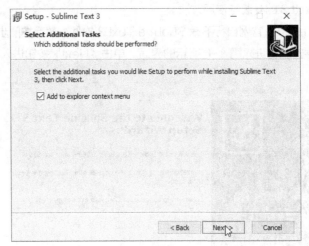

图 1-8　安装步骤 3

④ 单击"Install"按钮安装软件，如图 1-9 所示。

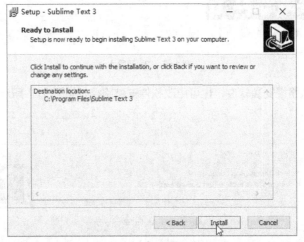

图 1-9　安装步骤 4

⑤ 单击"Finish"按钮完成软件安装，如图 1-10 所示。

5. Web 页面的基本结构

例 1-1　HTML5 文档的基本结构

```
1   <!DOCTYPE html>
2    <html>
3     <head>
4      <meta charset="utf-8">
5       <title>文档标题</title>
6      </head>
```

```
7       <body>
8           文档内容……
9       </body>
10  </html>
```

图 1-10　安装步骤 5

在上述代码中，第 1 行定义文档类型为 HTML5 文档。第 2 行定义 html 文档的开始，第 10 行定义 html 文档的结束。第 3 行至第 6 行表示网页文档的头部，头部用于定义文档字符集、网页标题、网页关键词等。第 4 行定义文档字符编码为"UTF-8"格式，作用是防止网页乱码。第 5 行定义网页的标题。第 7 行至第 9 行表示网页的主体内容。浏览器窗口可视区域中显示的网页内容都是 <body> 中的内容。

6. 浏览器兼容性

制作好的网页需要在浏览器中预览调试。目前主流的浏览器有 IE 浏览器、Opera 浏览器、Safari 浏览器、Firefox 浏览器、Chrome 浏览器等。这些浏览器都支持 HTML5（IE 浏览器需为 IE9 及其更高版本）。不同用户在不同设备上使用的浏览器各不相同。网页的浏览器兼容性是指网页在各种浏览器上的显示效果尽量保持一致的状态。因此，前端开发人员在调试网页时务必要重视浏览器兼容性问题。

任务实现：动手编写第一个前端页面

① 新建一个文件夹，将素材文件夹中的"head_bg.jpg"复制到该文件夹下。

② 双击打开安装好的 Sublime Text 3 软件，单击软件右下角的"Plain Text"命令，在弹出的快捷菜单中选择"HTML"选项，如图 1-11 所示，此时右下角的"Plain Text"变为"HTML"，也就是将文档转换成了 HTML 格式。

操作视频：动手编写
第一个前端页面

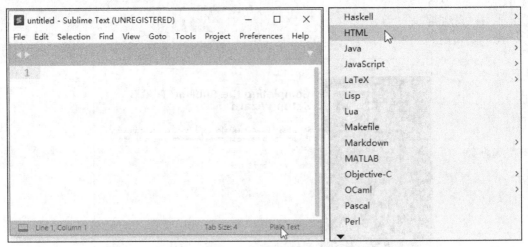

图 1-11　转换文件格式

③ 单击菜单"File"下的"Save"命令，弹出图 1-12 所示的对话框。修改网页文件的保存路径。默认路径是 Sublime Text 3 文件夹，但我们通常要将文件保存在步骤①新建的文件夹下。然后在文件名文本框中输入"index"，保存文件，此时在文件夹中生成了一个"index.html"文件。

图 1-12　保存网页文件

④ 在"index.html"文件的代码编辑窗口第 1 行输入"html"并按"Tab"键，就会快速出现HTML5 文档的基本结构，如图 1-13 所示。与例 1-1 代码相比，此段缺少了"<meta charset="utf-8">"这一行代码，读者自行添加便可。

⑤ 在<body></body>标签内部输入例 1-2 所示代码，/* */中间为注释内容，可不输入。

图 1-13　调出 HTML5 基本结构

例 1-2　编写第一个网页

```
<body>
    <h1 align="center">冬天</h1>                 /*h1 标签定义页面中的一级标题*/

    <hr>                                          /*hr 标签用于插入水平分隔线*/

    <img src="head_bg.jpg" />                    /*img 标签用于插入图片*/

    <p>说起冬天，忽然想到豆腐。是一"小洋锅"（铝锅）白煮豆腐，热腾腾的。水滚着，像好些鱼眼
睛，一小块一小块豆腐养在里面，嫩而滑，仿佛反穿的白狐大衣。锅在"洋炉子"（煤油不打气炉）上，和炉子
都熏得乌黑乌黑，越显出豆腐的白。这是晚上，屋子老了，虽点着"洋灯"，也还是阴暗。围着桌子坐的是父亲
跟我们哥儿三个。"洋炉子"太高了，父亲得常常站起来，微微地仰着脸，觑着眼睛，从氤氲的热气里伸进筷子，
夹起豆腐，一一地放在我们的酱油碟里。我们有时也自己动手，但炉子实在太高了，总还是坐享其成的多。这
并不是吃饭，只是玩儿。父亲说晚上冷，吃了大家暖和些。我们都喜欢这种白水豆腐；一上桌就眼巴巴望着那
锅，等着那热气，等着热气里从父亲筷子上掉下来的豆腐。</p>         /*p 标签用于插入段落文字*/

</body>
```

在浏览器中测试 index.html 页面，效果如图 1-14 所示。

图 1-14　预览效果

提示　本书展示的网页预览效果采用的浏览器是谷歌浏览器（版本为 68.0.3440.75）。

任务小结

本任务介绍了网页相关基本概念、Web 前端技术发展历史、Web 标准的构成，讲解了工具软件的安装及使用工具软件制作基本网页的步骤。

课后练习

参考例 1-2 代码，使用 Sublime Text 3 制作一个网页来介绍自己的家乡。

任务二
使用HTML5搭建旅游公司网站首页结构

02

学习目标

① 理解 HTML5 的常用元素和属性
② 掌握网站目录结构创建的方法

③ 掌握基于网页效果图创建 HTML5 网页的方法

任务描述

前端工程师 Peter 拿到广东云景旅游公司的网站界面设计效果图后，他的工作职责是将其转化为网站代码。一个网站由许多页面链接而成，其中最重要的页面是首页。因此，Peter 首先制作的是首页。本任务的具体要求如下。

- 创建网站的目录结构。
- 使用 HTML5 标签搭建首页文档结构。
- 在页面中添加相应的内容，如文字、图片、音频、视频等。

知识引入

HTML5 结构是页面的骨架。一个页面就好像一幢房子，HTML5 结构就是钢筋混凝土的墙。而 CSS 是装饰材料，是用来装饰房子的。因此，编写网页代码的第一步就是使用 HTML5 标签搭建网页结构。下面我们将分类介绍 HTML5 的常用标签。

1. HTML5 的标题、段落和文本格式化标签

（1）标题标签

<h1>至<h6>用来定义 6 个级别的章节标题，<h1>是一级标题，字体最大；<h6>是六级标题，字体最小，如图 2-1 所示。

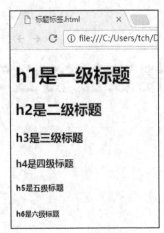

图 2-1　各级标题效果

（2）段落标签

段落标签主要有<p>
和<hr />3 种。

- <p>标签：表示文本的一个段落。在浏览器中显示时会自动在段落前后创建一些空白。
-
标签：在文本中产生换行符（回车符），用于段落中的强制换行。
- <hr />标签：被用来分隔 HTML 页面中的内容（或者定义一个变化），并显示为一条水平线。

例 2-1　文本段落标签的用法

```
<body>
        <p>公司介绍</p>
        <hr />
        <p>云景旅游以集团公司战略发展为目标，围绕集团公司战略部署，贯彻广东省产业转型升级的精神，
大力发展旅游文化产业。通过建设开发旅游资源，促进广东省旅游环境的发展。目前，我公司致力于
建设东莞市麻涌镇岭南水乡文化旅游景区项目，以华阳湖湿地公园为核心，向周边开发建设，通过扩
大湿地恢复，完善旅游服务功能，将本项目打造成为具有浙江乌镇模式和丽江古镇模式，体现岭南水
乡文化特色建筑风格的国家 5A 级景区。</p>
        <p>公司现有旅游中心、置业中心等多个部门在进行协同合作，按照集团公司指示，开发建设旅游产
业项目，提高公司建设品质，提升公司形象。公司成立以来，在集团公司领导下，突破市场资源制约
瓶颈，努力在更大范围开发建设、拓展市场，改善旅游资源的开发与建设。<br />业务涵盖房地产
开发及销售、旅游宣传促销策划、旅游商品（工艺品）销售、旅游景区配套设施建设、景区游览服务、
旅游项目投资等。</p>
</body>
```

该页面在浏览器中的显示效果如图 2-2 所示。

（3）文本格式化标签

文本的格式化标签主要包括<b>、<i>、<em>、<strong> 4 种。

- <b>标签：显示加粗文本效果，表示相对于普通文本字体上的区别，不表示任何特殊的强调。
- <i>标签：显示斜体文本效果。
- <em>标签：把文本定义为强调的内容。
- <strong>标签：把文本定义为语气更强的强调的内容。

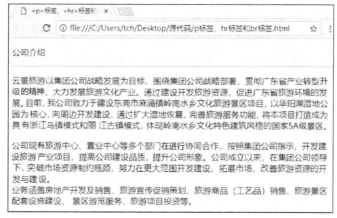

图 2-2　段落、换行、分隔符标签效果

例 2-2　文本段落标签的用法

```
<body>
    <b>加粗文本，广东云景旅游有限公司</b><br />
    <i>斜体文本，广东云景旅游有限公司</i><br />
    <em>强调文本，广东云景旅游有限公司</em><br />
    <strong>强调语气更强，广东云景旅游有限公司</strong>
</body>
```

浏览器显示效果如图 2-3 所示。

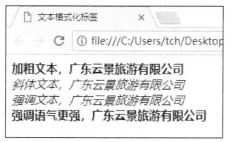

图 2-3　文本格式化标签效果

2. HTML5 的图片标签

（1）<img>标签

<img>标签用于向网页中添加相关图片。网页中常见的图片格式有 JPG、PNG 和 GIF。向网页中插入图像的方法如下。

```
<img src="smiley-2.gif" alt="Smiley face" width="42" height="42" />
```

<img>标签有两个必需的属性：alt 和 src。

① alt 属性规定图像的替代文本，用于在图像无法显示或者用户禁用图像显示时，代替图像显示在浏览器中的内容。强烈推荐在文档的每个图像中都使用这个属性。这样即使图像无法显示，用户还是可以通过替代文本了解图片的信息，而且能够提升搜索引擎对图片的识别程度。

② src 属性指定图像的插入路径。路径可以是相对路径，也可以是绝对路径。

相对路径是指该文件所在路径与其他文件（或文件夹）所在路径的关系。相对路径使用"../"来表示上一级目录。如果链接到当前目录下，只需输入被链接对象的名称即可，如：aaa.jpg。如果链接到下一级目录，只需输入该目录名，再输入对象名称即可，如：images/aaa.jpg。网站内部的链接必须使用相对路径。

绝对路径用于链接外部资源，如果要引入网络上的资源，代码如下。

```
<img src="http://完整的 URL 描述地址" />
```

如果要引入计算机本地资源的绝对路径，如 D 盘下 images 文件夹里名称为" aaa.jpg "的图片，代码如下。

```
<img src="D:/images/aaa.jpg" />
```

（2）<figure>标签

<figure>标签是 HTML5 的新增标签，用来表示网页上一块独立的内容。若将其从网页上移除，不会对网页上的其他内容产生影响。<figure>所表示的内容可以是图片、统计图或代码示例。<figcaption>标签定义<figure>元素的标题，应该被置于<figure>元素的第一个或最后一个子元素的位置。

例 2-3　<figure>标签和<img>标签的搭配用法

```
<body>
    <figure>
        <img src="images/img1.jpg" alt="湿地公园" />
        <figcaption>湿地公园</figcaption>
    </figure>
</body>
```

浏览器显示效果如图 2-4 所示。

图 2-4　<figure>标签和<img>标签

3. HTML5 的列表标签

列表分为有序列表、无序列表和定义列表。

- 有序列表<ol>：列表项符号默认为阿拉伯数字序列。列表项用<li>定义。

- 无序列表<ul>：列表项默认为黑色实心圆点。列表项用<li>定义。
- 定义列表<dl>：当页面上每个列表项都需要标题和内容时，需要使用<dl>定义列表。

例 2-4 3 种列表的用法

```
<body>
    云景旅游公司主要景区：
    <ol>
        <li>华阳湖景区</li>
        <li>岭南水乡小镇</li>
    </ol>
    主要招聘岗位有：
    <ul>
        <li>造价主管</li>
        <li>网络编程人员</li>
        <li>网站责任编辑</li
    </ul>
    华阳湖景区主要景点介绍：
    <dl>
        <dt>花海田园</dt>
        <dd>通过引水形成小的溪流以及水田，利用挖沟渠、造湿地的土方进行适当的堆填形成坡地地
形。其次进行农产品种植规划，种植花卉形成花海和花坡景观，种植蔬菜、水果形成农田景观，并规划设计了
瓜果长廊，游客可参与农耕体验项目。此外，在花海田园区域依托花海及农田景观，以点缀的形式规划设计了
岭南建筑风格的休闲度假特色农庄，在该区域还规划设计了农耕文化展示馆——展示农耕历史文化、生产工具
用品等。</dd>
        <dt>大型水上风情</dt>
        <dd>龙舟赛是一年一度的热闹盛事，麻涌河两岸被围得水泄不通，而麻涌河上，各村的龙船锣
鼓喧天，游龙游得不亦乐乎！</dd>
        <dt>水上森林</dt>
        <dd>水上森林在变农田为生态湿地的基础上栽种了适应水中生长的乔木，营造湿地水上森林景
观，游客可乘船在树林水道中划行，也可以漫步于森林中。在水上森林还规划设计了相应的休闲设施，在水上
森林的西面规划设计了湿地核心区，依托湿地景观规划设计了游览项目，游客可乘船或步行穿梭在犹豫迷宫般
的湿地景观中。</dd>
    </dl>
</body>
```

浏览器显示效果如图 2-5 所示。

4. HTML5 的超链接标签

<a>标签定义超链接，用于从一个页面跳转到另一个页面，有两个重要的属性：href 和 target。

① href 属性用于指定超链接目标的 URL，超链接的 URL 可能的值如下。

- 绝对 URL：指向另一个站点（如 href="http://www.example.com/index.htm"）。
- 相对 URL：指向站点内的某个文件（如 href="index.htm"）。

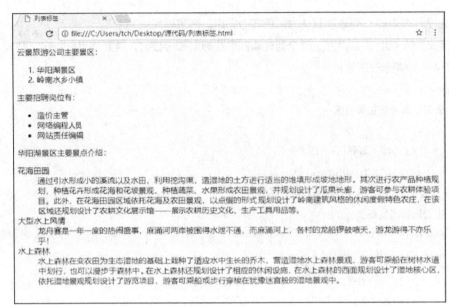

图 2-5　3 种列表标签效果对比

- 锚 URL：指向页面中的锚（如 href="#top"）。
- 空链接 URL：没有目标端点的链接（如 href="#"）。

链接的不同状态都可以用不同的方式显示，这些状态如表 2-1 所示。

表 2-1　超链接的 4 种状态及其描述

状态	描述
a:link	超链接的默认样式
a:visited	访问过的（已经看过的）链接样式
a:hover	处于鼠标指针悬停状态的链接样式
a:active	当鼠标左键按下时，被激活（鼠标按下去的瞬间）的链接样式

② target 属性规定在何处打开链接文档。target 的可能取值如表 2-2 所示。

表 2-2　超链接打开的目标位置及其描述

值	描述
_blank	在新窗口中打开被链接文档
_self	默认。在相同的框架中打开被链接文档
_parent	在父框架集中打开被链接文档
_top	在整个窗口中打开被链接文档
framename	在指定的框架中打开被链接文档

目前框架标签<frame>已经很少使用了，因此表 2-2 中的_parent 和_top 两个属性值也基本不再使用，取而代之的是内联框架<iframe>标签。

例 2-5　<iframe>标签的用法。

```
<body>
```

```
    <p><a href="http://www.gdqy.edu.cn" target="iframe_a">广东轻工职业技术学院
</a></p>
    <iframe src="http://www.baidu.com" name="iframe_a" width="800" height=
"400" ></iframe>
  </body>
```

上面的代码中，<iframe>标签中的 name 属性指定了内联框架的名称，超链接 a 的 target 的属性值与该框架名称相对应，表示在内联框架中打开链接的网页，效果如图 2-6 所示。

图 2-6　超链接在内联框架中打开的效果

5. HTML5 的表格标签

HTML5 的表格标签主要有<table>、<caption>、<tr>、<td>、<th>、<thead>、<tbody>、<tfoot>等。

- <table>标签：用于定义表格，是表格最外层的标签。
- <caption>标签：展示一个表格的标题。
- <tr>标签：代表表格中的行。
- <td>标签：代表表格中的单元格。
- <th>标签：代表表格中的表头单元格。
- <thead>标签：代表表格中的表头。
- <tbody>标签：代表表格中的一块具体数据（表格主体）。
- <tfoot>标签：代表表格中的表尾。

例 2-6　表格标签的用法

```
<body>
    <table border="1" width="300">
        <caption>华阳湖景区各景点收费标准</caption>
        <thead>
```

```
            <tr>
                <th>景点名称</th>
                <th>收费标准</th>
            </tr>
        </thead>
        <tbody>
            <tr>
                <td>湿地公园</td>
                <td>460&yen;</td>
            </tr>
            <tr>
                <td>大型水上风情</td>
                <td>560&yen;</td>
            </tr>
            <tr>
                <td>湿地公园</td>
                <td>460&yen;</td>
            </tr>
            <tr>
                <td>世界淡水鱼馆</td>
                <td>460&yen;</td>
            </tr>
        </tbody>
        <tfoot>
            <tr>
                <td colspan="2">更多景点收费请咨询客服</td>
            </tr>
        </tfoot>
    </table>
</body>
```

浏览器显示效果如图 2-7 所示。

图 2-7　表格显示效果

6. 传统的布局标签<div>和<span>

（1）<div>标签

在 Web 2.0 时代，<div>标签是最常用的布局容器。<div>标签没有语义，相当于一个区块容器，可以容纳各种网页元素。区块容器有两大特点：①区块元素必须独占一行，不允许本行的后面再有其他内容；②区块容器默认情况下的宽度与它的父级标签的宽度相同。因此，可以把<div>与</div>中的内容视为一个独立的对象，用于 CSS 的控制。在<div>标签中加上 class 或 id 属性可以应用额外的样式。

（2）<span>标签

<span>标签用来组合文档中的行内元素。行内元素的特点刚好跟区块容器的特点相反，如下所示。

① 行内元素不需要独占一行，本行后面还允许有其他的内容。

② 行内元素的宽度在默认情况下与它内部内容的宽度相同。

例 2-7　<div>标签和<span>标签的用法

```
<body>
    <div>企业文化是企业为解决生存和发展的问题而树立形成的，被组织成员认为有效而共享，并共同遵循的基本信念和认知。企业文化集中体现了一个企业经营管理的核心主张，以及由此产生的组织行为。</div>
    <hr />
    <span>关于我们</span>
    <span>客户服务</span>
    <span>服务条款</span>
    <span>隐私与安全</span>
    <span>意见反馈</span>
</body>
```

浏览器显示效果如图 2-8 所示。

图 2-8　<div>标签和<span>标签效果对比

7. HTML5 的各种语义化分段元素

在 HTML5 出来之前，我们用 div 来表示页面章节，但是这些 div 都没有实际意义，只能表示网页的某些区域。HTML5 的革新之一就是引入了语义化标签。

使用 HTML5 语义化标签的优势如下。

① 去掉样式或样式丢失的时候能让页面呈现清晰的结构。

② 屏幕阅读器（如果访客有视障）会完全根据制作者的标记来"读"网页。

③ 平板、手机等设备可能无法像普通计算机的浏览器一样来渲染网页（通常是因为这些设备对

CSS 的支持较弱）。

④ 有利于搜索引擎优化（SEO）。

⑤ 代码结构清晰、方便阅读，有利于团队合作开发。

下面我们来学习几个用于搭建网页框架结构的 HTML5 语义化标签。网页各个区域使用的语义化标签如图 2-9 所示。

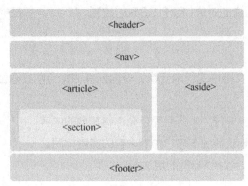

图 2-9　网页结构语义化标签

（1）<header>标签

<header>标签代表"网页"或"section"的页眉，可以是"网页"或任意"section"的头部部分，其通常包含一些引导和导航信息。用法如下。

```
<header>
    <hgroup>
        <h1>网站标题</h1>
        <h1>网站副标题</h1>
    </hgroup>
</header>
```

（2）<footer>标签

<footer>标签代表"网页"或"section"的页脚，可以是"网页"或"section"的底部部分，通常含有该节的一些基本信息，如作者、相关文档链接、版权资料。用法如下。

```
<footer>
    COPYRIGHT@小北
</footer>
```

（3）<nav>标签

<nav>标签代表页面的导航链接区域，用于定义页面的主要导航部分。用法如下。

```
<nav>
    <ul>
        <li>HTML5</li>
        <li>CSS3</li>
        <li>JavaScript</li>
    </ul>
</nav>
```

（4）<aside>标签

<aside>标签用在 article 内表示主要内容的附属信息，用在 article 之外可作为侧边栏。用法如下。

```
<article>
    <p>内容</p>
    <aside>
        <h1>作者简介</h1>
        <p>小北，前端一枚</p>
    </aside>
</article>
```

（5）<section>标签

<section>标签代表文档中的"节"或"段"。"段"可以指一篇文章里按照主题的分段；"节"可以是指一个页面里的分组。<section>通常还带有标题。<section>标签的用法如下。

```
<section>
    <h1>section 是啥？</h1>
    <article>
        <h2>关于 section</h1>
        <p>section 的介绍</p>
        <section>
            <h3>关于其他</h3>
            <p>关于其他 section 的介绍</p>
        </section>
    </article>
</section>
```

（6）<article>标签

<article>标签最容易与<section>和<div>混淆。<article>代表一个在文档、页面或者网站中自成一体的内容，其目的是为了让开发者独立开发或重用，譬如论坛的帖子、博客的文章、一篇用户的评论。除了它的内容，<article>会有一个标题（通常会在 header 里）和一个<footer>页脚。用法如下。

```
<article>
    <header>
        <h1>一篇文章</h1>
        <p><time pubdate datetime="2012-10-03">2012/10/03</time></p>
    </header>
    <p>文章内容...</p>
    <footer>
        <p><small>版权: html5jscss 网所属，作者: 小北</small></p>
    </footer>
</article>
```

任务实现：搭建旅游公司网站首页结构

操作视频：搭建旅游
公司网站首页结构

1. 规划网站目录结构

网站目录结构的规划在网站设计中占有非常重要的地位。设计一个结构合理的网站，不但可以提高用户的访问速度，而且对网站的持续开发、后期维护都起着非常重要的作用。

在物理意义上，网站是存储在磁盘上的文档和文件夹的组合。这些文档包括 HTML 文件以及各种格式的图像、音频和视频文件。如果这么多文件杂乱无章地存放在服务器的硬盘上，必然会给网站的维护与扩充带来障碍。站点结构合理，不但可以提高用户的访问速度，而且对网站的持续开发、后期维护都起着非常重要的作用。规划网站的目录结构时，通常遵循一定的规则，如下所示。

① 按栏目内容分别建立子文件夹。一般来说，用文件夹合理构建文档的结构方法是：首先为网站创建一个根目录，然后在其中创建多个子文件夹，再将文档分门别类地存储到相应的文件夹下。必要时，可以创建多级子文件夹。

② 将资源按类存放在不同的文件夹中。

③ 文件夹的层次不要太深，建议不要超过 3 层，以免造成维护管理的不便。

④ 使用英文命名文件或文件夹。因为很多 Internet 服务器使用的是英文操作系统，不能对中文文件名和文件夹名提供很好的支持，以至于可能导致浏览错误或访问失败。

⑤ 命名应尽量有明确的意义，能产生"望文生义"的效果。例如，存放图片资源的文件夹可命名为 images、存放 JavaScript 脚本文件的文件夹可命名为 js 等。

根据以上原则，Peter 将云景旅游公司网站的站点目录结构规划为图 2-10 所示。其中，css 文件夹用于存放样式表文件，files 文件夹用于存放二级页面，fonts 文件夹用于存放网站中用到的特殊字体文件。首页一定要用 index.html 或者 default.html 命名。

图 2-10　云景旅游公司网站目录结构

2. 分析首页文档结构

在搭建首页 HTML 结构之前，Peter 首先分析了效果图，如图 2-11 所示，然后画出结构图，如图 2-12 所示。

3. 构建首页结构

HTML5 提供了网页文档内容的上下文结构和含义。因此要尽可能使用语义化分段元素写出网页的结构代码。在对首页结构分析的基础之上，Peter 写出了首页的结构代码。

图 2-11　云景旅游公司首页效果图

图 2-12　首页整体结构框架

```
1  <body>
2      <header></header>
3      <div class="banner"></div>
4      <main></main>
5      <footer></footer>
6  </body>
```

4. 添加网页内容

（1）添加<header>区域内容

该区域主要包含 Logo、导航和搜索表单 3 部分。搜索表单将在任务七中详细介绍，此处省略。Logo 和导航部分具体结构和内容如图 2-13 所示。

图 2-13　<header>区域结构和内容细化

根据上图可以写出如下代码。

```
1  <header>
2      <div class="logo">
3        <a href="index.html"><img src="images/logo.png" alt="云景旅游"></a>
4      </div>
```

```
5      <nav>
6        <ul>
7          <li><a href="#">首页</a></li>
8          <li><a href="#">公司概况</a></li>
9          <li><a href="#">华阳湖景区</a></li>
10         <li><a href="#">岭南水乡小镇</a></li>
11         <li><a href="#">意见反馈</a></li>
12       </ul>
13     </nav>
14     <!-- 此处省略搜索表单代码 -->
15   </header>
```

在上述代码中，第 2 行至第 4 行是 Logo 部分的代码，由于网站的 Logo 通常又兼具超链接的功能，是通往首页的快速通道，因此我们需要在上述代码的外层嵌套超链接标签。第 5 行至第 13 行定义导航区域的结构，无序列表是制作导航的利器。

（2）添加<banner>区域内容

将华阳湖景区图片添加至<banner>区域。

```
<div class="banner">
  <a href="#"><img src="images/banner2.jpg" alt="华阳湖景区"></a>
</div>
```

（3）添加<main>区域内容

该区域内容较多，因此应进一步做细化。根据内容的相关性可以划分为上、中、下 3 个区域，如图 2-14 所示。

进一步对 main_top 区域的结构和内容进行细化分析，分析示意图如图 2-15 所示。

图 2-14 首页主体内容区域结构细化

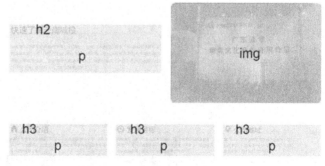

图 2-15 main_top 区域结构和内容细化

根据效果图写出的 main_top 区域的 HTML5 代码如下。

```
<section class="main_top">
  <div>
    <h2>快速了解云南城投</h2>
    <p>云南省城市建设投资集团有限公司（简称：云南城投集团，原名：云南省城市建设投资有限公司，
2012 年 7 月更名）成立于 2005 年 4 月，是经云南省人民政府批准组建的现代大型国有企业，是云南省人民
政府授权的城建投资项目出资人代表及实施机构。2009 年 2 月，集团纳入云南省国资委监管。</p>
  </div>
  <img src="images/company.jpg" alt="company"/>
  <div>
    <h3>公司介绍</h3>
    <p>广东云景旅游文化有限公司（简称：云景旅游）成立于 2016 年 1 月 26 日，注册资本金 3 亿元，
是云南省城市建设投资集团有限公司的控股子公司。</p>
  </div>
  <div>
    <h3>发展目标</h3>
    <p>云景旅游以集团公司战略为发展目标，围绕集团公司战略部署，贯彻广东省产业转型升级的精神，
大力发展旅游文化产业，通过建设开发旅游资源，促进广东省旅游环境的发展。</p>
  </div>
  <div>
    <h3>公司地址</h3>
    <p>集团公司：广东云景旅游文化产业有限公司<br/>公司地址：广州市海珠区新港西路 152 号大院
<br/>联系电话：0871-67199708</p>
  </div>
</section>
```

其中，公司介绍、发展目标和公司地址前面的装饰小图标我们将在后面介绍 CSS 的章节讲解如何插入。

接下来，我们分析 main_middle 部分的结构。该区域上下两部分的结构完全相同，因此只需要实现一部分便可对应实现另一部分。可用超链接标签实现单击左边的文字跳转到相应景区的网页。右边的图片序列也可以看作是列表中的列表项，如图 2-16 所示。

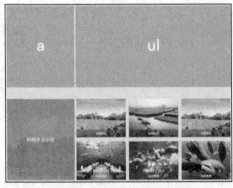

图 2-16　main_middle 区域结构和内容细化

根据图 2-16 写出的 main_middle 区域的 HTML5 代码如下。

```html
<section class="main_middle">
    <div>
        <div>
            <a href="#">华阳湖景区</a>
        </div>
        <div>
            <ul>
              <li>
                <figure>
                    <img src="images/hua_1.jpg" alt="湿地公园" />
                    <figcaption>湿地公园</figcaption>
                </figure>
              </li>
              <li>
                <figure>
                    <img src="images/hua_2.jpg" alt="湿地公园" />
                    <figcaption>湿地公园</figcaption>
                </figure>
              </li>
              <li>
                <figure>
                    <img src="images/hua_3.jpg" alt="湿地公园" />
                    <figcaption>湿地公园</figcaption>
                </figure>
              </li>
              <li>
                <figure>
                    <img src="images/hua_4.jpg" alt="水上森林" />
                    <figcaption>水上森林</figcaption>
                </figure>
              </li>
              <li>
                <figure>
                    <img src="images/hua_5.jpg" alt="水上森林" />
                    <figcaption>水上森林</figcaption>
                </figure>
              </li>
              <li>
                <figure>
                    <img src="images/hua_6.jpg" alt="水上森林" />
```

```html
                        <figcaption>水上森林</figcaption>
                    </figure>
                </li>
            </ul>
        </div>
    </div>
    <div>
        <div>
            <a href="#">岭南水乡小镇</a>
        </div>
        <div>
            <ul>
                <li>
                    <figure>
                        <img src="images/lin_1.jpg" alt="花海农庄"/>
                        <figcaption>花海农庄</figcaption>
                    </figure>
                </li>
                <li>
                    <figure>
                        <img src="images/lin_2.jpg" alt="花海农庄" />
                        <figcaption>花海农庄</figcaption>
                    </figure>
                </li>
                <li>
                    <figure>
                        <img src="images/lin_3.jpg" alt="花海农庄" />
                        <figcaption>花海农庄</figcaption>
                    </figure>
                </li>
                <li>
                    <figure>
                        <img src="images/lin_4.jpg" alt="淡水鱼馆" />
                        <figcaption>淡水鱼馆</figcaption>
                    </figure>
                </li>
                <li>
                    <figure>
                        <img src="images/lin_5.jpg" alt="淡水鱼馆" />
                        <figcaption>淡水鱼馆</figcaption>
                    </figure>
                </li>
```

```
        <li>
            <figure>
                <img src="images/hua_6.jpg" alt="淡水鱼馆" />
                <figcaption>淡水鱼馆</figcaption>
            </figure>
        </li>
        </ul>
    </div>
    </div>
</section>
```

main_bottom 区域的结构和内容如图 2-17 所示。

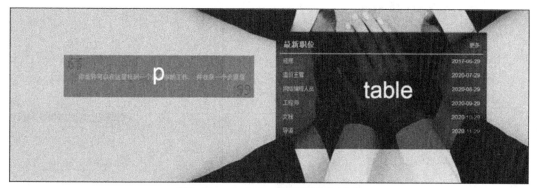

图 2-17　main_bottom 区域结构和内容细化

根据图 2-17 写出的 main_bottom 区域的 HTML5 代码如下。

```
<section class="main_bottom">
    <div>
        <p>你或许可以在这里找到一个适合你的工作，并收获一个大家庭</p>
    </div>
    <div>
        <table>
            <thead>
                <tr>
                    <td>最新职位</td>
                    <td><a href="#">更多</a></td>
                </tr>
            </thead>
            <tbody>
                <tr>
                    <td>经理</td>
                    <td>2017-06-29</td>
                </tr>
                <tr>
                    <td>造价主管</td>
```

```
                <td>2020-07-29</td>
            </tr>
            <tr>
                <td>网络编程人员</td>
                <td>2020-08-29</td>
            </tr>
            <tr>
                <td>工程师</td>
                <td>2020-09-29</td>
            </tr>
            <tr>
                <td>文秘</td>
                <td>2020-10-29</td>
            </tr>
            <tr>
                <td>导游</td>
                <td>2020-11-29</td>
            </tr>
        </tbody>
    </table>
  </div>
</section>
```

（4）添加<footer>区域内容

将页脚<footer>区域的内容细化，如图 2-18 所示。

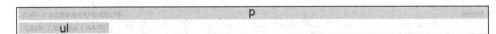

图 2-18　<footer>区域结构和内容细化

根据图 2-18 写出的 HTML5 代码如下。

```
<footer>
  <div>
      <p>© 2016 广东云景旅游文化产业有限公司
      <span><a href="#">回到顶部</a></span>
      </p>
      <ul>
          <li><a href="#">友情链接</a></li>
          <li>|</li>
          <li><a href="#">隐私与安全</a></li>
          <li>|</li>
          <li><a href="#">法律声明</a></li>
      </ul>
  </div>
```

```
</footer>
```

首页 HTML 代码的总体效果如图 2-19 所示。

图 2-19　首页 HTML 代码效果

任务拓展：制作旅游公司网站二级页面

操作视频：制作旅游
公司网站二级页面

根据效果图 2-20，实现旅游公司网站二级页面"华阳湖景区"的 HTML5 页面。

图 2-20 二级页面"华阳湖景区"效果图

在站点根目录下新建 hua.html 文件，代码参考如下。

```html
<body>
    <header>
        <div>
            <img src="images/logo.png" alt="云景旅游">
        </div>
        <nav>
            <ul>
                <li><a href="#">首页</a></li>
                <li><a href="#">公司概况</a></li>
                <li><a href="#">华阳湖景区</a></li>
                <li><a href="#">岭南水乡小镇</a></li>
                <li><a href="#">意见反馈</a></li>
            </ul>
        </nav>
    </header>
    <div>
      <a href="#"><img src="images/hua/banner1.jpg" alt="华阳湖景区"></a>
    </div>
    <main>
      <div>
        <h1>关于华阳</h1>
      </div>
      <img src="images/hua/q1.png">
      <div>
        <h2>群山中的华阳湖如一颗璀璨的明珠</h2>
        <p>景区以高山截流的华阳湖为中心，随境造景，分别建有水上游乐区、民俗园区、茶文化园区、野果采摘区、会务区、别墅区等各种功能齐备的观光游览服务区。景区建筑红墙黄瓦，独具文化特色，在大自然的碧水青山映衬下，俨然衬托出了一片充满魅力的人间仙境。景区内，游人或可乘小艇劈波于华阳湖上，或可迈步湖畔长堤听山泉喷涌和松涛轰鸣，或可登临拜佛台感悟华阳大佛的广博心境，或可循小径去探索"望夫石""观音洞"等美丽的传说中的中华民族的深厚文化底蕴。</p>
      </div>
      <div class="clear"></div>
      <div>
        <h1>华阳美景</h1>
      </div>
      <div>
        <div>
          <img src="images/hua/A1.jpg"/>
          <ul>
            <li>花海田园</li>
```

```
            <li>种植花卉形成花海和花坡景观，种植蔬菜、水果形成农田景观，游客可以采摘新鲜
水果品尝</li>
        </ul>
    </div>
    <div>
      <img src="images/hua/A2.jpg"/>
      <ul>
        <li>水上森林</li>
        <li>营造湿地水上森林景观，游客可以乘船在森林水道中划行，也可以漫步于森林中</li>
      </ul>
    </div>
    <div>
      <img src="images/hua/A3.jpg"/>
      <ul>
        <li>花船巡游</li>
        <li>各种花卉争妍斗艳，让游人目不暇接。沿蜿蜒的水道，花船驶入花丛中，让游客与花
亲密接触</li>
      </ul>
    </div>
    <div>
      <img src="images/hua/A4.jpg"/>
      <ul>
        <li>花海田园</li>
        <li>龙舟比赛常态化，游客可以观赏到专业的龙舟赛事，同时也可以参加龙舟拓展项目
</li>
      </ul>
    </div>
    <div>
      <img src="images/hua/A5.jpg"/>
      <ul>
        <li>水上森林</li>
        <li>种植花卉形成花海和花坡景观，种植蔬菜、水果形成农田景观，游客可以采摘新鲜水
果品尝</li>
      </ul>
    </div>
    <div>
      <img src="images/hua/A6.jpg"/>
      <ul>
        <li>花船巡游</li>
        <li>各种花争妍斗艳，让游人目不暇接。沿蜿蜒的水道，花船驶入花丛中，让游客与花亲
密接触</li>
      </ul>
```

```
            </div>
            <div class="clear"></div>
        </div>
    </main>
    <footer>
        <div>
            <p>© 2020 广东云景旅游文化产业有限公司
            <span><a href="#">回到顶部</a></span>
            </p>
            <ul>
            <li><a href="#">友情链接</a></li>
            <li>|</li>
            <li><a href="#">隐私与安全</a></li>
            <li>|</li>
            <li><a href="#">法律声明</a></li>
            </ul>
        </div>
    </footer>
</body>
```

📝 任务小结

本任务介绍了 HTML5 的基本语法，让大家掌握了前端工程师的工作流程——如何在设计效果图的基础之上搭建一个网页的 HTML5 结构。

📝 课后练习

制作广东云景旅游公司二级页面"公司概况"的 HTML5 页面。

任务三

使用DIV+CSS实现旅游公司网站首页布局

学习目标

① 掌握 CSS 的基本语法规则

② 掌握盒模型的基本原理

③ 掌握网页布局定位的常用方法

任务描述

Peter 编写完成了广东云景旅游公司网站首页的 HTML 代码后，还需要对网页进行美化。他将要使用的"装饰材料"是 CSS。本任务的要求是对网站首页进行整体结构的布局和定位。

本任务的具体要求如下。

• 使用 CSS 对首页内容进行定位。

知识引入

层叠样式表（Cascading Style Sheets，CSS）用于控制网页的样式和布局。

1. CSS 规则的基本语法

CSS 规则由两个主要的部分构成：选择器以及一条或多条声明。其中，选择器是连接 HTML 元素与样式之间的纽带，它规定了样式作用在哪个 HTML 元素上。每条声明由一个属性和一个属性值组成，属性和属性值被冒号分开，以分号结束，如图 3-1 所示。

图 3-1　CSS 选择器的基本结构

例 3-1　CSS 的基本语法

```
p{
    color:red;                      /*设置段落文本为红色*/
    text-align:center;              /*设置段落文本居中对齐*/
}
```

 提示　CSS 注释以 "/*" 开始，以 "*/" 结束。注释用来解释代码，为日后阅读和维护代码提供方便。浏览器会忽略它。

2. CSS 选择器

CSS 选择器分为基本选择器和高级选择器。

（1）基本选择器

基本选择器分为标签选择器、类选择器和 ID 选择器。

① 标签选择器：是指以网页中已有的 HTML 标签名作为名称的选择器，该样式定义后文档中所有此类标签都会自动应用该样式。

例 3-2　标签选择器基本语法

```
li{
    color:red;
}
```

② 类选择器：在进行 HTML 结构设计时，可根据需要为多个 HTML 标签使用 class 自定义名称，类名以 "." 号开头。

例 3-3　类选择器基本语法

```
<style type="text/css">
    .blue{
        color:blue;
    }
</style>
<body>
    <p class="blue">段落文字</p>
    <h3 class="blue">标题文字</h3>
    <div class="blue">区块文字</div>
</body>
```

③ ID 选择器：ID 选择器可以为标有特定 id 的 HTML 元素指定特定的样式。

例 3-4　ID 选择器基本语法

```
<style type="text/css">
    #yellow{
        color:yellow;
    }
```

```
    </style>
    <body>
        <p id="yellow">段落文字</p>
    </body>
```

提示 ID 选择器在一个 HTML 文档中只能使用一次。而类选择器可以"定义一次，使用多次"。
3 种基本选择器的优先级为 ID 选择器>类选择器>标签选择器。

（2）高级选择器

高级选择器分为子选择器、后代选择器、属性选择器、通用选择器、伪类和伪元素选择器、分
组选择器。

① 子选择器。

语法：选择器 1>选择器 2>……>选择器 n{ }。

作用：满足后一个选择器是前一个选择器的直接子代，样式生效。

例 3-5　子选择器基本语法

```
<style type="text/css">
    div>ul>.red{
        color:red;
    }
</style>
<body>
    <div>
        <p class="red">段落文字</p>
        <ul>
            <li>列表项 1</li>
            <li class="red">列表项 2</li>
            <li>列表项 3</li>
        </ul>
    </div>
</body>
```

例 3-5 中 CSS 样式的效果是：将文字"列表项 2"变为红色。请大家思考：若要将段落文字
变为红色，该如何修改选择器？

② 后代选择器。

语法：选择器 1 选择器 2 …… 选择器 n{ }。

作用：满足后一个选择器是前一个选择器的后代，样式生效（后代包括子代、孙代……）。

例 3-6　后代选择器基本语法

```
<style type="text/css">
    div .red{
        color:red;
```

```
        }
    </style>
    <body>
        <div>
            <p class="red">段落 1</p>
            <div>
                <p class="red">段落 2</p>
            </div>
        </div>
    </body>
```

例 3-6 中 CSS 代码的效果是：将文字"段落 1"和"段落 2"均变为红色。

③ 属性选择器。

属性选择器可以根据元素的属性及属性值来选择元素。

例 3-7　属性选择器基本用法

```
1    <style type="text/css">
2      a[href]{
3        color: red;
4      }
5      a[href][title]{
6        color: blue;
7      }
8      a[href="http://www.w3school.com.cn/html/"]{
9        color: green;
10     }
11   </style>
12   <body>
13     <a href="http://www.w3school.com.cn/">W3School</a>
14     <a href="http://www.w3school.com.cn/css/" title="CSS">CSS</a>
15     <a href="http://www.w3school.com.cn/html/">HTML</a>
16   </body>
```

在上述代码中，第 2 行至第 4 行的作用是将具有 href 属性的超链接文本变成红色。第 5 行至第 7 行的作用是将同时具有 href 和 title 属性的超链接文本设置为红色。如果想将某个指向特定网址的超链接文本设置成红色，可以采用第 8 行至第 10 行的写法。

④ 通用选择器。

语法：*{ }。

作用：用*匹配 HTML 文档中的所有标签元素。

例 3-8　通用选择器基本语法

```
*{
    color:pink;
}
```

⑤ 伪类和伪元素选择器。

通过伪类和伪元素选择器可以灵活地选择元素和元素的状态，让开发速度更快，选择性更多。表 3-1 列举了较为常用的伪类和伪元素选择器。

表 3-1　常用伪类和伪元素选择器

选择器	例子	例子描述
:link	a:link	超链接的默认样式
:visited	a:visited	已经访问过的链接样式
:hover	a:hover	鼠标指针悬停状态的链接样式
:active	a:active	当鼠标左键按下时，被激活（鼠标按下去的瞬间）的链接样式
:focus	input:focus	选择获得焦点的输入字段
:checked	input:checked	匹配已被选中的 input 元素（只用于单选按钮和复选框）
:not(selector)	:not(p)	选择所有 p 以外的元素
:nth-child(n)	p:nth-child(2)	选择所有 p 元素的父元素的第 2 个子元素
:first-child	p:first-child	选择器匹配属于任意元素的第 1 个子元素的\<p\>元素
:last-child	p:last-child	选择器匹配属于任意元素的最后一个子元素的\<p\>元素
:before	p:before	在每个\<p\>元素之前插入内容
:after	p:after	在每个\<p\>元素之后插入内容
:first-line	p:first-line	选择 p 元素包含的第 1 行内容
:first-letter	p:first-letter	选择 p 元素包含的第 1 个字母

⑥ 分组选择器。

语法：选择器 1,选择器 2,……,选择器 n{ }，多个选择器之间用英文逗号分隔。

作用：为多个标签元素设置同一个样式。

例 3-9　分组选择器基本语法

```
h1,span{color:red;}
```

它的作用相当于下面两行代码。

```
h1 {color:red;}
span{color:red;}
```

3. CSS 规则的应用方式

在 HTML 文档中使用 CSS 的方法分为外部样式、内部样式和行内样式。

（1）外部样式

当样式需要应用于很多页面时，外部样式表将是理想的选择。在使用外部样式表的情况下，开发者可以通过改变一个文件来改变整个站点的外观。每个页面均使用\<link\>标签链接到样式表。

```
<head>
    <link rel="stylesheet" type="text/css" href="mystyle.css">
</head>
```

（2）内部样式

当单个文档需要特殊的样式时，就应该使用内部样式表。可以使用\<style\>标签在文档头部定义内部样式表。

```
<head>
    <style type="text/css">
        hr{color:yellow;}
        p{margin-left:20px;}
    </style>
</head>
```

（3）行内样式

行内样式就是直接把 CSS 代码添加到 HTML 的标记中，即作为 HTML 标记的属性标记存在。由于要将内容和表现混杂在一起，行内样式会失去 CSS 的许多优势。尽量不要使用这种方法。

```
<p style="color:yellow;margin-left:20px;">段落文本</p>
```

CSS 优先级规则：行内样式>内部样式>外部样式>浏览器默认样式。

4. CSS 的层叠和继承

（1）层叠

两个或两个以上的 CSS 规则同时叠加在同一个元素上时，CSS 样式会产生冲突。层叠特性可以简单地理解为"冲突"的解决方案。换句话说就是应该优先使用哪个样式。

CSS 的层叠和继承

在图 3-2 所示代码中，有 3 个不同的样式作用于标签<p>中的文字上，那么这段文字究竟应该是什么颜色的呢？

```
6       <style type="text/css">
7           #box1 .hezi2 p{
8               color:red;
9           }
10          div div #box3 p{
11              color:green;
12          }
13          div.hezi1 div.hezi2 div.hezi3 p{
14              color:blue;
15          }
16      </style>
17  </head>
18  <body>
19      <div class="hezi1" id="box1">
20          <div class="hezi2" id="box2">
21              <div class="hezi3" id="box3">
22                  <p>猜猜我是什么颜色？</p>
23              </div>
24          </div>
25      </div>
26  </body>
```

我们要分别数一下ID选择器的数量、类选择器的数量、标签选择器的数量。

1个ID选择器，1个类选择器，1个标签选择器。
记为：
1.1.1

1个ID选择器，0个类选择器，3个标签选择器。
记为：
1.0.3

0个ID选择器，3个类选择器，4个标签选择器。
记为：
0.3.4

图 3-2　CSS 层叠优先级计算方法

判断的方法为：根据 ID 的数量、类的数量、标签的数量来统计权重。因为 ID 选择器的优先级最高，标签选择器的优先级最低，ID 选择器数量最多的选择器优先级最高。在 ID 选择器数量相同的情况下，再比较类选择器的数量，最后比较标签选择器的数量，据此可以判断出第一个样式的优先级最高。因此，段落文字的颜色为红色。

如果样式的权重一样，那么以后出现的为准，也就是说距离 HTML 元素越近的样式优先级越高，如图 3-3 所示。

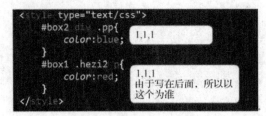

图 3-3　CSS 样式就近原则

如果想要打破层叠规则，可以使用!important 属性提高样式的权重。这个属性的权重就是无穷大。

例 3-10　!important 属性的使用

```
<style type="text/css">
    #box1 .hezi2 p{
        color:red;
    }
    div div #box3 p{
        color:green !important; /*将图 3-2 所示代码的样式后面加上!important 属性*/
    }
    div.hezi1 div.hezi2 div.hezi3 p{
        color:blue;
    }
</style>
```

则段落文字最终的颜色是绿色。

（2）继承

CSS 继承指的是子标签会继承父标签的所有样式风格，并可以在父标签样式风格的基础上再加以修改，产生新的样式，而子标签的样式风格完全不影响父标签。

例 3-11　CSS 继承

```
<style type="text/css">
    body{
        font-family: "楷体";           /*设置网页正文字体为"楷体"*/
    }
    p{
        color: red;
    }
</style>
<body>
    <p>CSS 样式表<em>继承特性</em>的演示代码</p>
    <ul>
        <li>CSS 选择器</li>
```

```
            <li>盒子模型</li>
            <li>浮动与定位</li>
        </ul>
    </body>
```

为了更好地理解继承的原理，我们首先来从文档树（HTML DOM）结构入手。文档树由 HTML 元素组成。文档树和家族图谱类似，也有祖先、后代和兄弟。例 3-11 的文档树结构如图 3-4 所示。

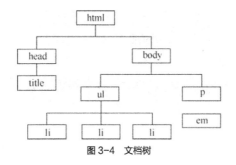

图 3-4　文档树

浏览器预览的效果是 p 和 em 字体同时变红。我们并没有指定 em 的样式，但 em 继承了它的父元素 p 的样式特性。而对文档树顶层的 body 标签设置字体样式更是影响到了网页中所有的文字，如图 3-5 所示。

然而，并不是所有的属性都可以被继承，常见的可以被继承的属性有 color、font、line-height、word-spacing、letter-spacing、line-height 等。

图 3-5　CSS 继承效果

5. CSS 盒子模型

CSS 控制网页样式是通过盒子模型实现的，网页中的所有标签都可以视为一个盒子。所有网页内容都是放在盒子里面的。因此，我们首先要对盒子模型有所了解。

（1）盒子模型

每一个盒子都有一个内容区域（如文本、图片等）和可选的环绕着内容的内边距（padding）、边框（border）和外边距（margin）。padding、border 和 margin 都是有 4 个方向的。4 个方向的顺序分别是上、右、下、左，如图 3-6 所示。

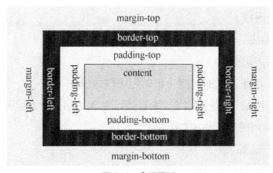

图 3-6　盒子模型

① 内边距。

内边距指的是元素内容与边框之间的距离。padding:10px 5px 15px 20px，表示上内边距是 10 像素，右内边距是 5 像素，下内边距是 15 像素，左内边距是 20 像素。如果其中左右方向或者上下方向相同，则可以缩写。例如：padding:10px 5px 15px，表示上内边距是 10 像素，右内边距和左内边距是 5 像素，下内边距是 15 像素；padding:10px 5px，表示上内边距和下内边距是 10 像素，右内边距和左内边距是 5 像素。如果上下左右 4 个方向都相同，则可以写成：padding:10px，表示 4 个内边距都是 10 像素。

② 外边距。

外边距指的是相邻元素之间的距离。外边距计算公式水平方向和垂直方向不同，如下所示。

• 水平边距永远不会重合。

• 当上下两个边距在垂直方向相遇时，会产生重叠现象，且重叠后的外边距等于其中较大者，如图 3-7 所示。

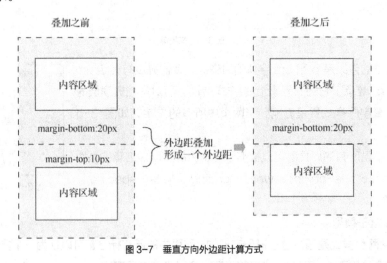

图 3-7　垂直方向外边距计算方式

③ 边框。

CSS 中的边框属性包括边框样式属性（border-style）、边框宽度属性（border-width）、边框颜色属性（border-color）。

border-style：用于定义页面中边框的风格，常用属性值如下。

• solid：边框为单实线。

• dashed：边框为虚线。

• dotted：边框为点线。

• double：边框为双实线。

border-width：用于设置边框的宽度，其常用单位为像素（px）。

border-color：用于设置边框的颜色，其取值可为十六进制代码#RRGGBB 或 RGB 代码 rgb(r,g,b)，实际工作中常用的是十六进制。

CSS 边框样式设置方法如下。

• border-top：上边框宽度、样式、颜色。

- border-right：右边框宽度、样式、颜色。
- border-bottom：下边框宽度、样式、颜色。
- border-left：左边框宽度、样式、颜色。
- border：四边宽度、样式、颜色。

在上面的设置方式中，宽度、样式、颜色顺序不分先后，可以只指定需要设置的属性，省略的部分将取默认值（样式不能省略）。

例如，单独定义段落的上边框，代码如下。

```
p{border-top:2px solid #ccc;}        /*定义段落上边框样式为 2 像素宽的灰色实线*/
```

当 4 条边的边框样式都相同时，可以使用 border 进行综合设置，代码如下。

```
h1{border:3px double red;}           /*定义一级标题的边框为 3 像素宽的红色双实线*/
```

（2）盒子模型的种类

常见的盒子模型有两种：块级盒子和行内盒子。任务二中介绍的<div>和<span>标签分别是块级盒子和行内盒子的典型代表。块级盒子的特点是单独占据一行空间，多个块级盒子按照垂直方向依次排列。行内盒子则显示为与内容等宽的行内区域，与其他行内盒子共同占有一行空间，如图 3-8 所示。

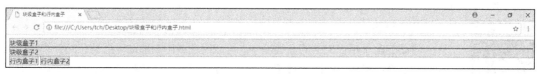

图 3-8　块级盒子和行内盒子

（3）盒子尺寸的计算公式

网页布局其实就是摆放盒子至网页效果图中指定位置的过程，因此必须清楚地知道盒子的尺寸，才能在有限的网页空间合理地放置多个盒子。

盒子模型尺寸计算方式有以下两种。

盒子尺寸的计算
公式

```
box-sizing: content-box || border-box;
```

默认按照 box-sizing:content-box;进行计算。

① content-box（标准盒模型）

元素实际宽度=width+padding-left+padding-right+border-left+border-right

元素实际高度=height+padding-top+padding-bottom+border-top+border-bottom

② border-box（怪异盒模型）

元素实际宽度=width（包含 padding-left+padding-right+border-left+border-right）

元素实际高度=height（包含 padding-top+padding-bottom+border-top+border-bottom）

例 3-12　盒子模型尺寸计算

```
<style type="text/css">
    div{
        width: 300px;                /*设置盒子的宽度为 300 像素*/
        height: 300px;               /*设置盒子的高度为 300 像素*/
```

```
        border: 5px solid green;        /*设置盒子的 4 个边框为 5 像素的绿色实线*/
        padding: 10px 20px;             /*设置盒子的内边距为上下 10 像素，左右 20 像素*/
    }
</style>
<body>
    <div>
        <img src="icon.png" />
    </div>
</body>
```

在上述代码中，根据标准盒子模型计算公式，这个盒子的实际尺寸大小是宽度=300+5+20+5+20=350 像素，高度=300+5+10+5+10=330 像素。若按照怪异模式进行计算，则盒子的宽度和高度均为 300 像素。

6. CSS 盒子的定位机制

CSS 中有 3 种基本定位机制：普通文档流、浮动和定位。所有的盒子默认都是在普通文档流中定位的。

（1）普通文档流

普通文档流中框的位置由其在 HTML 中的位置决定。块级盒子从上到下依次排列，行内盒子在一行中水平排列。

浮动

（2）浮动

浮动的盒子不在文档的普通流中，可以向左或向右移动，直到它的外边缘碰到包含它的盒子或另一个浮动盒子的边框为止。因为它不再处于普通文档流中，所以它不占据空间。

语法：float:left/right。

> **说明**　left 为靠左浮动，right 为靠右浮动。

如图 3-9 所示，图（1）是 3 个盒子处于普通文档流的默认状态。图（2）中第 1 个盒子左浮动，它浮动到了父元素的最左边，其余两个盒子表现得像它不存在一样。图（3）是第 1 个盒子右浮动的状态。图（4）是 3 个盒子均左浮动，在没有设置宽度的情况下它们的宽度由内容决定。图（5）是 3 个盒子仍然左浮动，但由于设置了内填充导致宽度变大，第 3 个盒子在第一行中不够空间显示，因此向下移动到了父元素的最左边。图（6）中由于第 1 个盒子的高度大于第 3 个盒子，导致第 3 个盒子向父元素最左边浮动时遇到阻力被卡住了。

浮动会带来一些负面效应，比如导致父元素塌陷。

例 3-13　浮动导致的父元素塌陷

```
<style type="text/css">
    .box-wrapper {
        border: 5px solid red;
    }
    .box-wrapper .box {
```

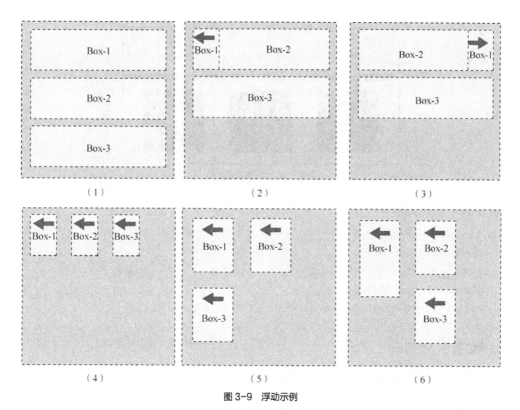

图 3-9　浮动示例

```
        float: left;
        width: 100px;
        height: 100px;
        margin: 20px;
        background-color: green;
    }
</style>
<body>
    <div class="box-wrapper">
      <div class="box"></div>
      <div class="box"></div>
      <div class="box"></div>
    </div>
</body>
```

上述代码的效果如图 3-10 所示，可以看出，3 个浮动元素脱离了文档流，并不占据文档流的位置，自然父元素也就不能被撑开，所以没了高度。因此我们要通过清除浮动来解决。

清除浮动的语法：clear：none|left|right|both。

> **说明**　left 为不允许左边有浮动对象，right 为不允许右边有浮动对象，both 为两边都不允许有浮动对象。

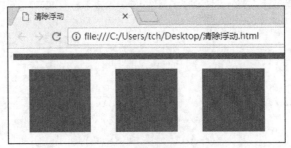

图 3-10　父元素高度塌陷

例 3-14　清除浮动

```
<div class="box-wrapper">
  <div class="box"></div>
  <div class="box"></div>
  <div class="box"></div>
  <div style="clear:both;"></div>
</div>
```

效果如图 3-11 所示。

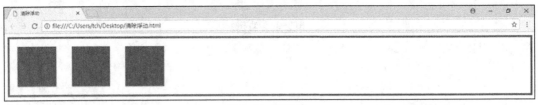

图 3-11　清除浮动

也可以使用以下方式清除浮动。

```
.box-wrapper{
    overflow: hidden;
}
```

浮动在网页中常被用于实现图文混排，效果如图 3-12 所示。

图 3-12　图文混排

```
img{
    float: left;
}
```

（3）定位

position 属性的取值范围是 static | relative | absolute | fixed。

每个取值的含义如下。

相对定位和
绝对定位

① static：默认的属性值，该盒子按照标准流（包括浮动方式）进行布局。

② relative：相对定位，使用相对定位的盒子，会相对于它原本的位置，通过偏移指定的距离到达新的位置。它原来占据的位置仍然保留。

例 3-15 相对定位

```
<style type="text/css">
    #container {
        background-color: #a0c8ff;
        border: 1px dashed #000000;
        padding: 15px;
        width: 300px;
    }
    #container div {
        background-color: #fff0ac;
        border: 1px solid #000000;
        padding: 10px;
    }
    #item-2{
        position: relative;
        left: 10px;
        top: 10px;
    }
</style>
<body>
  <div id="container">
    <div>Box-1</div>
    <div id="item-2">Box-2</div>
    <div>Box-3</div>
  </div>
</body>
```

从图 3-13 中可以看出，此时 item-2 相对于它原来所在的位置向右下角移动了 10 像素，仍然占据原来的位置。

③ absolute：绝对定位，使用绝对定位的盒子以距离它"最近"的一个"已经定位"的"祖先元素"为基准进行偏移。如果没有已经定位的祖先元素，则以浏览器窗口为基准进行定位。绝对定位的盒子从标准流中脱离。它对其后的相邻盒子的定位没有影响，其他的盒子就好像这个盒子不存在一样。

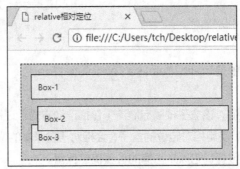

图 3-13　相对定位

例 3-16　绝对定位（相对于浏览器窗口定位）

```
#item-2 {                    //修改 3-15 的样式
    position: absolute;
    top: 0;
    left: 0;
}
```

从图 3-14 可以看出，此时 item-2 的显示范围已经不在 container 中，不占用 container 所包含的空间。此时它定位的基准是浏览器窗口，因为它的祖先元素 container 没有定位。

图 3-14　绝对定位（相对于浏览器窗口）

例 3-17　绝对定位（相对于父元素定位）

```
#container {
    background-color: #a0c8ff;
    border: 1px dashed #000000;
    padding: 15px;
    width: 300px;
    position: relative;
}
```

此时 container 设置为 position:relative;对其本身的位置没有任何影响，但它成为了#item-2 已经定位的祖先元素，因此 Box-2 移动到了 container 的左上角，如图 3-15 所示。

④ fixed：固定定位。它和绝对定位类似，只是以浏览器窗口为基准进行定位，常用于将导航栏固定于网页上方。

图 3-15　绝对定位（相对于父元素）

7. DIV+CSS 布局剖析

目前，互联网上常见的网页布局分为固定宽度布局和自适应宽度布局两类。固定宽度的网页不会随着显示终端屏幕尺寸的变化而变化；而自适应宽度布局能够根据浏览器窗口的大小，自动改变其宽度或高度值。本书仅用最典型的布局结构作抛砖引玉之用。

（1）两列固定宽度居中

固定宽度的布局一般使用浮动实现，只需将中间左右两列均设置为浮动即可。

例 3-18　两列固定宽度布局

```
<style type="text/css">
    body{
        margin: 0;
    }
    .container{
        width: 1200px;
        margin: 0 auto;
    }
    .left{
        background-color: #aadddd;
        float: left;
        width: 500px;
        height: 500px;
    }
    .right{
        background-color: #f08844;
        float: right;
        width: 700px;
        height: 500px;
    }
    header{
        height: 100px;
        background-color: pink;
    }
    footer{
        height: 60px;
        background-color: green;
```

```
                clear: both;
        }
    </style>
</head>
<body>
    <div class="container">
        <header></header>
        <div class="left"></div>
        <div class="right"></div>
        <footer></footer>
    </div>
</body>
```

效果如图 3-16 所示。

图 3-16　两列固定宽度布局

（2）自适应宽度布局

自适应宽度布局的核心是在宽度的设置上使用百分比，浮动和定位都可以用于实现自适应宽度布局。

① 使用浮动进行 3 列自适应布局（实现效果：左侧列和右侧列固定宽度，中间列宽度自适应）。

基本思路：左侧列固定宽度并设置浮动 float:left;，右侧列固定宽度设置浮动 float:right，中间列不设置宽度，只设置 margin-left 为左侧列的宽度，margin-right 为右侧列的宽度。

例 3-19　浮动实现自适应 3 列布局（中间列自适应）

```
<style type="text/css">
    body{
        margin: 0;
    }
```

```css
header{
        height: 100px;
        background-color: pink;
    }
.leftbox {
        width: 300px;
        height: 500px;
        background-color: #aadddd;
        float: left;
    }
.midbox {
        height: 500px;
        margin: 0 300px;
        background-color: #aa11dd;
    }
.rightbox {
        width: 300px;
        height: 500px;
        background-color: #f08844;
        float: right;
    }
footer{
        height: 60px;
        background-color: green;
    }
</style>
<body>
    <header></header>
    <div class="leftbox"></div>
    <div class="rightbox"></div>
    <div class="midbox"></div>
    <footer></footer>
</body>
```

② 使用定位进行 3 列自适应布局。

基本思路：原理与浮动定位相同，只是左右两列都使用绝对定位相对于中间区域最外层的父框进行定位。

例 3-20　定位实现 3 列自适应布局（中间列自适应）

```css
<style type="text/css">
    body{
        margin: 0;
    }
    .container{
        position: relative;
```

```css
        }
        header{
                height: 100px;
                background-color: pink;
        }
        .leftbox{
                position: absolute;
                left: 0;
                top: 0;
                width: 300px;
                height: 500px;
                background-color: #aadddd;
        }
        .midbox{
                width: auto;              /*实现中间列文字自动换行*/
                margin: 0 300px;
                background-color: #aa11dd;
                height: 500px;
        }
        .rightbox{
                position: absolute;
                top: 0;
                right: 0;
                width: 300px;
                height: 500px;
                background-color: #f08844;
        }
        footer{
                height: 60px;
                background-color: green;
                clear: both;
        }
    </style>
</head>
<body>
    <header></header>
        <div class="container">
                <div class="leftbox"></div>
                <div class="rightbox"></div>
                <div class="midbox"></div>
        </div>
    <footer></footer>
</body>
```

例 3-19 和例 3-20 的显示效果如图 3-17 所示。

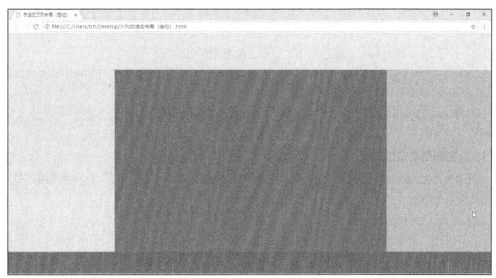

图 3-17　3 列自适应宽度布局

任务实现：使用 DIV+CSS 布局旅游公司首页

自适应布局的方法将在任务八和任务九中详细介绍。本章实现固定宽度的首页结构。

操作视频：使用
DIV+CSS 布局
旅游公司首页

1. 新建 CSS 样式表文件并应用到网页中

在站点根目录的 styles 文件夹下新建 base.css、head.css、footer.css 和 index.css。其中 base.css 是网页全局性的基础样式文件，head.css 是网页头部的样式表文件，footer.css 是网页页脚部分的样式表文件。因为网站中所有网页的基础样式文件、头部和页脚部分是相同的，为了后期维护的方便，可以将这 3 个部分的样式表文件独立出来，应用到所有网页中去。reset.css 的作用是让各个浏览器的 CSS 样式有一个统一的基准，而这个基准更多的就是"清零"。这个文件可以被任何网页直接引用。

打开 index.html，在 head 标签中输入应用外部样式表的代码。

```
<link rel="stylesheet" type="text/css" href="styles/reset.css">
<link rel="stylesheet" type="text/css" href="styles/base.css">
<link rel="stylesheet" type="text/css" href="styles/header.css">
<link rel="stylesheet" type="text/css" href="styles/index.css">
<link rel="stylesheet" type="text/css" href="styles/footer.css">
```

2. 基础样式设置

打开 base.css，首先设置网页正文文字样式，然后去除所有超链接的下划线，最后设置清除浮动样式，CSS 代码如下。

```
body{
    font-size: 14px;          /*设置文字大小为 14 像素*/
    font-family:"微软雅黑";    /*设置文字字体为"微软雅黑"*/
```

```
}
a{
    text-decoration: none;          /*去除超链接下划线*/
}
.clear{
    clear: both;                    /*清除左右浮动*/
}
```

3. 头部布局与定位

打开 header.css，首先设置头部区域的宽度和居中对齐效果，然后实现 Logo 和导航栏的并列排列，CSS 代码如下。

```
header{
    width: 1160px;
    margin: 0 auto;                 /*实现块级元素居中对齐*/
}
.logo{
    float: left;                    /*设置 Logo 区域左浮动*/
}
nav{
    float: left;                    /*设置导航区域左浮动*/
    margin-left: 25px;              /*定义 Logo 和导航栏之间的间距*/
}
```

4. 主体内容.main_top 区域布局与定位

首先设置区域的总体样式，仍然设置其与头部区域保持相同的宽度和居中对齐效果。然后设置.top_left 与它右边图片的左右排列效果。在 index.css 中输入以下 CSS 代码。

```
.main_top{
    width: 1160px;
    margin: 50px auto 0;            /*设置其与 Banner 之间的留白为 50 像素*/
}
.main_top .top_left{
    float: left;
    width: 48%;
}
.main_top img{
    float: right;
    width: 48%;
}
.main_top .top_left h2{             /*设置标题与正文之间的间距*/
    margin-bottom: 30px;
}
```

网页预览的效果如图 3-18 所示。

图 3-18　.main_top 布局效果 1

从图 3-18 中可以看出，由于浮动的元素脱离标准文档流，.main_top 中 .bottom 的内容流动到了 .top_left 的位置，为此需要清除浮动。在 HTML 代码中插入以下代码。

```
<img src="images/company.jpg" alt="云南城投" />
<div class="clear"></div>          /*在图片标签后插入一个空 div*/
```

应用 base.css 中的下面样式后，效果如图 3-19 所示。

```
.clear{
    clear:both;
}
```

图 3-19　.main_top 布局效果 2

最后设置 .bottom 区域的样式，效果如图 3-20 所示。

```
.bottom{
    margin-top: 50px;
}
.bottom div{
    float: left;
    width: 30%;
    margin-right: 3%;
}
```

图 3-20　.main_top 布局效果 3

根据上面的经验，想让.main_middle 的内容回归它的正常位置，仍然需要清除浮动。
在 HTML 的.bottom 后面加上清除浮动的空标签。

```
<div class="bottom">
    中间代码省略
</div>
<div class="clear"></div>
```

5. 主体内容.main_middle 区域布局与定位

```
/*main_middle 区域样式*/
.jingqu{
    width: 1160px;
    margin: 60px auto;
}
.transbox{
    float: left;
    width: 30%;
}
.jingqu_img{
    float: right;
    width: 70%;
}
.jingqu_img li{
    float: left;
    width: 31%;
    margin: 0 1%;
}
.jingqu_img img{
    max-width: 100%;        /*弹性图片*/
}
```

6. 主体内容.main_bottom 区域布局与定位

```
/*main_bottom 区域样式*/
.main_bottom div{
    width: 1160px;
    margin: 0 auto;
}
.main_bottom div div{
    float: left;
    width: 49%;
}
```

7. 页脚区域布局与定位

```
footer{
    width: 1160px;
    margin: 70px auto 50px;
}
footer div span{
```

```
        float: right;
    }
```

完成后的网页效果如图 3-21 所示。

图 3-21　首页布局定位效果

任务拓展：使用 CSS 实现旅游公司网站二级页面"华阳湖景区"的布局结构

请大家根据效果图 2-20，使用 CSS 实现旅游公司网站二级页面"华阳湖景区"的布局结构。

① 在 styles 文件夹下新建 hua.css 文件，代码参考如下。

```
.huayang{
    float: left;                    /*实现图文混排效果*/
    margin-right: 40px;             /*实现图片与文字的留白*/
```

操作视频:使用 CSS
实现旅游公司网站
二级页面"华阳湖景
区"的布局结构

```
}
main{
    width: 1160px;
    margin: 0 auto;
}
.jing{
    width: 1160px;
    margin: 0 auto;
}
.event{
    width: 260px;
    float: left;
}
```

② 在 hua.html 的头部链接上样式表文件。

```
<link rel="stylesheet" type="text/css" href="styles/reset.css">
<link rel="stylesheet" type="text/css" href="styles/base.css">
<link rel="stylesheet" type="text/css" href="styles/header.css">
<link rel="stylesheet" type="text/css" href="styles/footer.css">
<link rel="stylesheet" type="text/css" href="styles/hua.css">
```

③ 在浏览器中预览，效果如图 3-22 所示。

图 3-22 "华阳湖景区"定位效果

任务小结

本任务介绍了 CSS 的基本语法，介绍了层叠和继承的概念，讲解了盒子模型，以及浮动定位、绝对定位、相对定位的基本概念，最后针对常见的网页布局结构做了介绍。布局是网页制作中最重要的环节，也是本书的重点部分。

课后练习

在任务二课后练习的基础之上制作广东云景旅游公司二级页面"公司概况"的布局结构。

任务四

使用CSS3美化超链接

04

学习目标

① 了解链接状态的种类
② 了解特殊链接下划线的设置方法
③ 掌握常用链接状态的样式设置方法

④ 能够利用背景设置特殊的链接效果
⑤ 能够通过选择器设置不同链接对象的样式
⑥ 能够对链接对象设置按钮式效果

任务描述

Peter 完成页面布局之后，网站已经分栏显示，初步成型。首页头部和尾部均有超链接可以链接到二级页面。而 HTML 内容的链接部分默认样式很不美观，需要对页面链接的样式进行修改。本任务要求对广东云景旅游文化产业有限公司网站首页的导航条链接样式进行修改。

本任务的具体要求如下。

- 修改首页的导航条链接样式。
- 修改首页尾部的超链接样式。
- 通过设计锚点返回页面顶部。

知识引入

页面之间彼此独立的网站是无法正常运行的，只有当各个网页链接在一起后，网站才能正常运转。超链接是指从一个网页指向一个目标的链接关系，网站中的每一个网页都是以超链接的形式关联在一起的。链接的目标可以是另一个网页，也可以是相同网页上的不同位置，还可以是一幅图片、一个电子邮件地址、一个文件，甚至是一个应用程序。而在一个网页中用来超链接的对象，可以是一段文本或者是一幅图片。当浏览者单击已经链接的文字或图片后，链接目标将显示在浏览器上，浏览器根据目标的类型来打开或运行。超链接在本质上属于一个网页的一部分，它是一种允许该网页同其他网页或站点之间进行链接的元素。

1. 超链接的基本属性

一个完整的超链接，通常包含标签、属性、超链接地址 3 个部分。

（1）<a>标签

定义超链接，用于从一个页面链接到另一个页面。

（2）href 属性

<a>元素最重要的属性是 href 属性，它指示链接的目标。

超链接基础知识

（3）超链接地址

超链接地址有两种，分别是绝对 URL 和相对 URL 的超链接。URL 就是统一资源定位符（Uniform Resource Locator）。

- 绝对 URL 的超链接，简单地讲就是网络上的一个站点、网页的完整路径。
- 相对 URL 的超链接，将网页上的某一段文字或某标题链接到同一网站的其他网页上面去。

2. CSS 样式伪类

在所有浏览器中链接的默认外观，如图 4-1 所示。

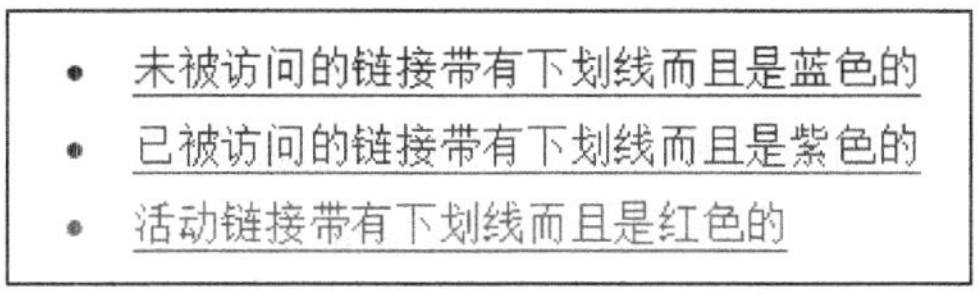

- 未被访问的链接带有下划线而且是蓝色的
- 已被访问的链接带有下划线而且是紫色的
- 活动链接带有下划线而且是红色的

图 4-1　超链接默认状态

对于网页中超链接文本的修饰，通常可以采用 CSS 样式伪类。

CSS 伪类是添加到选择器的关键字，用于指定要选择的元素的特殊状态。

在支持 CSS 的浏览器中，超链接的不同状态都可以以不同的方式显示，这些状态包括：未被访问状态（link）、已被访问状态（visited）、鼠标指针悬停状态（hover）和活动状态（active）。

- 未被访问状态（link）：用在未访问的超链接上。
- 已被访问状态（visited）：用在已经访问过的超链接上。
- 鼠标指针悬停状态（hover）：用于鼠标指针置于其上的超链接上。
- 活动状态（active）：用于获得焦点（如被点击）的超链接上。

例 4-1　修改默认超链接颜色

为文字"感受·海上庭院"添加超链接效果，代码如下。

```
<!DOCTYPE html>
<html>
<head>
    <meta charset="utf-8">
    <title>默认超链接效果</title>
    <style>
    a:link{
        color: red;      /* 未被访问的链接上设置成红色 */
        }
    a:visited{
        color: blue;     /* 已访问的链接上设置成蓝色 */
        }
```

```
    a:hover{
        color: orange;          /* 鼠标指针移动到链接上设置成橙色 */
        }
    a:active{
        color: green;           /* 选定的链接设置成绿色 */
        }
    </style>
</head>
<body>
    <a href="#">感受·海上庭院</a>
</body>
</html>
```

页面运行默认效果，如图 4-2 所示。

图 4-2　文字默认效果

添加 CSS 样式代码，将超链接的已被访问状态设置成蓝色，将鼠标指针悬停到访问区域的状态设置成橙色，如图 4-3 所示。

图 4-3　文字鼠标指针悬停效果

提示　① 在 CSS 定义中，伪类名称对大小写不敏感。
② a:hover 必须置于 a:link 和 a:visited 之后，a:active 必须置于 a:hover 之后，这样才是有效的。

3. 鼠标特效

在很多网页中，超链接都被制作成各种按钮的效果，这些效果大多采用图像的方式或者通过设置背景颜色来实现。通过 CSS 样式的设置，可以制作出类似于按钮效果的导航菜单超链接。

例 4-2　按钮式超链接

例如：将"加入购物车"这几个字设计成具有按钮式链接的效果，其链接文字颜色为白色，背景颜色在未被访问和已被访问状态下是灰色，如图 4-4 所示；当鼠标指针悬停在文字上方区域时背景颜色变为蓝色#337ab7，如图 4-5 所示。

按钮式超链接

图 4-4　按钮式超链接未被访问状态

图 4-5　按钮式超链接鼠标指针悬停效果

常见的行内级别元素有<a>、<strong>、<b>、<em>、<i>、<del>、<s>、<ins>、<u>、<span>等，行内元素默认是不能更改宽度值和高度值，元素属性默认为 display:inline。在此按钮式超链接示例中首先要将<a>元素的 display 属性修改为 block，即块内元素，这样就可以修改 width 和 height 属性，从而制作出想要的效果。首先书写一段 html 关键代码，为"加入购物车"这几个文字加上超链接，并给这个超链接设计类选择器 product。

```
<div class="product">
        <a href="#">加入购物车</a>
</div>
```

下面为类别选择器 product 添加相应的 CSS 样式。

```
.product{
     width: 200px;
     height: 50px;
     margin: 20px;
     text-align: center;
     line-height: 50px;
}
.product a:link,.product a:visited{
     color: #FFF;
     display: block;              /*将行内元素转变为块内元素*/
     text-decoration: none;       /*去掉文字的下划线*/
     background-color: #343;      /*未被访问和已被访问的背景色 */
}
```

```
.product a:hover,.product a:focus{
    background-color: #337ab7;    /*鼠标指针悬停背景色*/
}
```

这样就设计了一个宽度为 200 像素、高度为 50 像素的区域的可点击范围，在这个区域内超链接元素<a>的不同伪类状态具有不同的背景颜色，从而实现按钮式链接的效果。

任务实现：实现首页中的超链接效果

1. 设置首页头部导航条超链接样式

① 在任务二中我们分析了首页未应用样式文件之前的文档结构，如图 4-6 所示。链接采用默认样式，字体颜色为蓝色，文字具有下划线。

图 4-6　首页未添加 CSS 前效果图

超链接的默认效果文字的字体为蓝色，文字底部有下划线。这样的默认样式很不美观，实际应用中在 CSS 样式文件的起始部分会取消链接的这种默认效果。包括将首页头部导航条超链接去掉默认样式，水平排列，字体的颜色从默认蓝色变为#337ab7，去掉下划线。将鼠标指针悬停状态的文字颜色设置为#BB0F73。

```
a:link,a:visited{
    color: #337ab7;              /*修改未被访问和已被访问链接的文字颜色*/
    text-decoration: none;       /*去掉文字的下划线*/
}
a:hover,a:focus{
    color:#BB0F73;               /*当鼠标指针悬停于文字上方时文字的颜色*/
```

```
}
```

效果如图 4-7 所示。

图 4-7 首页添加 CSS 样式后效果

② 通常页面导航条均利用无序列表 ul 结合超链接元素<a>来实现。本案例中，导航条为水平排列的一系列菜单，内容包括首页、公司概况、华阳湖景区、岭南水乡小镇、意见反馈。每个一级菜单内容均可以链接到对应的二级菜单。本任务中，对应 HTML5 的语义化标签<header>和<nav>部分的代码如下。

```
<!-- 首页头部 -->
    <header>
        <!-- logo -->
    <div class="logo">
        <img src="images/logo.png" alt="云景旅游">
    </div>
    <!-- 导航 -->
    <nav>
        <ul>
            <li><a href="#">首页</a></li>
            <li><a href="#">公司概况</a></li>
            <li><a href="hua.html">华阳湖景区</a></li>
            <li><a href="#">岭南水乡小镇</a></li>
            <li><a href="feedback.html">意见反馈</a></li>
        </ul>
    </nav>
    <!-- 搜索-->
    <div class="search">
        <form>
```

```
        <input type="text">
        <button type="submit"></button>
    </form>
</div>
<div class="clear"></div>
</header>
```

③ 为了实现导航条的超链接效果，要对导航条所处的超链接进行样式的设计。CSS 选择器有交集选择器、并集选择器、后代选择器、子元素选择器，这里利用后代选择器实现对元素的选择。首先选择 nav 的后代 li，然后选择 li 中的 a，从而去除超链接本身自带的下划线，并且将文字颜色设置为#337ab7。

```
nav li a{
    text-decoration: none;
    color: #337ab7;
}
```

④ 整个页面头部的 CSS 代码如下。

```
/*头部区域样式*/
header{
    width: 1160px;
    margin: 10px auto;
}
.logo{
    float: left;
}
nav{
    float: left;
    height: 61px;
    line-height: 61px;
    margin-left: 25px;
}
nav li{
    list-style-type: none;
    float: left;
    margin-right: 30px;
}
nav li a{
    text-decoration: none;
    color: #337ab7;
}
```

2. 设置尾部超链接样式

① 为尾部添加相应的样式，未添加 CSS 样式之前的页面效果，如图 4-8 所示。

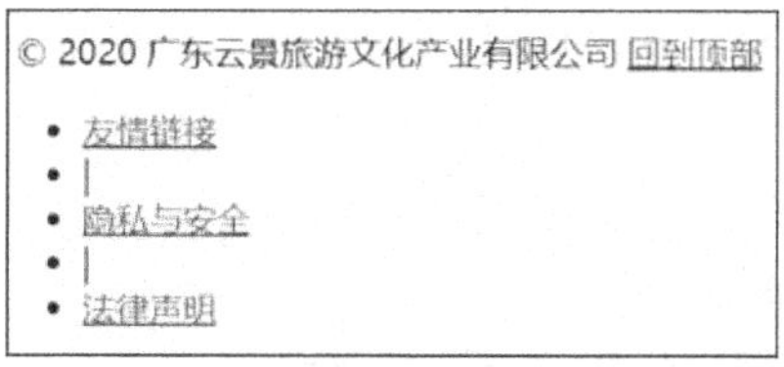

© 2020 广东云景旅游文化产业有限公司 回到顶部

- 友情链接
- |
- 隐私与安全
- |
- 法律声明

图 4-8　页面尾部未添加 CSS 样式前效果

② 将"友情链接""隐私与安全""法律声明"3 个超链接变为水平排列，并且添加回到顶部的超链接，如图 4-9 所示。

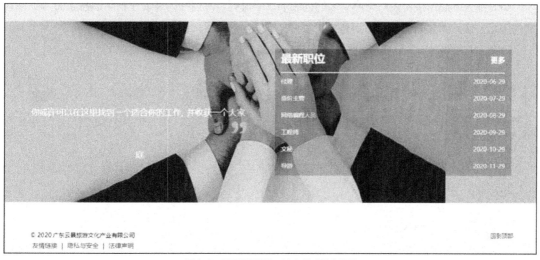

图 4-9　页面尾部添加 CSS 样式后的效果

③ 首页尾部对应 HTML5 的语义化标签<footer>部分的代码如下。

```html
<!-- 首页尾部 -->
    <footer>
    <div>
     <p>© 2020 广东云景旅游文化产业有限公司
      <span><a href="#">回到顶部</a></span>
     </p>
      <ul>
           <li><a href="#">友情链接</a></li>
           <li>|</li>
           <li><a href="#">隐私与安全</a></li>
           <li>|</li>
           <li><a href="#">法律声明</a></li>
      </ul>
    </div>
   </footer>
```

"回到顶部"外面通过添加<span>标签来实现样式，<span>是 footer 语义化标签<div>中的内容，通过后代选择器将此部分向右移动。

```
footer div span{
    float: right;
}
```

去掉超链接的默认样式，并且修改字体颜色为蓝色。

```
footer a{
    color: blue;
}
```

页脚部分的超链接首先对无序列表的列表项水平排列；然后在列表项左右两边各添加 10 像素的内边距，使元素之间有一定的距离；最后将文字居中对齐，代码如下。

```
footer ul li{
    float: left;
    text-align: center;
    margin: 0;
    padding:0 10px;
}
```

footer 部分的完整代码如下。

```
/*footer 部分样式*/
footer{
    width: 1160px;
    margin-left: auto;
    margin-right: auto;
    margin-top: 70px;
    margin-bottom: 50px;
}
footer div span{
    float: right;
}
footer a{
    color: blue;
}
footer ul{
    font-size: 0.75rem;
    margin-top: 10px;
}
footer ul li{
    float: left;
    text-align: center;
    margin: 0;
    padding:0 10px;
}
footer ul li:last-child{
```

```
    border-right: 0px;
}
```

④ 在使用超链接 a 来创建超链接时，还可以通过设置 name 属性为 top 来设置锚点，建立在网页内部顶部位置的锚点链接，如图 4-10 所示。在首页的底部下方有返回顶部的字样，单击该字样就可以快速返回到网页的顶部，从而解决当页面长度比较长，需要拖动滚动条而返回顶部的问题。

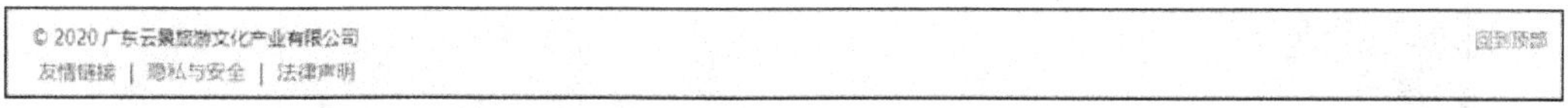

© 2020 广东云景旅游文化产业有限公司
友情链接 | 隐私与安全 | 法律声明
回到顶部

图 4-10　回到顶部效果图

使用超链接标签来定义相关内容的代码如下。

```
<!DOCTYPE html>
<html lang="en">
<head>
    <meta charset="UTF-8">
    <title>广东云景旅游文化产业有限公司</title>
<body>
    <a name="top"></a>          <!-- 命名锚点，名称为 top -->
    <!-- 首页头部 -->
    此处省略其他代码
    ·····························

    <!-- 首页尾部 -->
    <footer>
     <div>
        <p>© 2020 广东云景旅游文化产业有限公司
            <!-- 将 a 的 href 属性设置为锚点名称 top -->
            <span><a href="#top">回到顶部</a></span>
        </p>
        <ul>
            <li><a href="#">友情链接</a></li>
            <li>|</li>
            <li><a href="#">隐私与安全</a></li>
            <li>|</li>
            <li><a href="#">法律声明</a></li>
        </ul>
     </div>
    </footer>
</body>
</html>
```

71

任务拓展：实现二级页面"华阳湖景区"的导航条链接

根据效果图 4-11，实现旅游公司网站二级页面"华阳湖景区"的导航条链接。

关于华阳

图 4-11 二级页面效果

在任务二创建的 hua.html 文件中，添加相应的样式代码。HTML 代码参考如下。

```
<header>
    <div>
        <img src="images/logo.png" alt="云景旅游">
    </div>
    <nav>
        <ul>
            <li><a href="#">首页</a></li>
            <li><a href="#">公司概况</a></li>
            <li><a href="#">华阳湖景区</a></li>
            <li><a href="#">岭南水乡小镇</a></li>
            <li><a href="#">意见反馈</a></li>
        </ul>
    </nav>
</header>
```

任务小结

本任务介绍了 CSS 中有关超链接的基本语法，以及使用超链接 CSS 样式对网页中的超链接文字效果进行设置的方法。通过设置 CSS 样式，可以得到千变万化、丰富多彩的超链接效果，从而丰富了页面的形式，实现网页中许多常见的效果，例如按钮式导航条等。

课后练习

利用任务二中选择器的知识和任务四中超链接的知识制作页面，效果如图 4-12 所示。

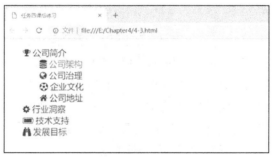

图 4-12　课后练习效果

任务五
使用CSS3制作导航

05

学习目标

1. 了解列表的样式类型
2. 了解列表样式的位置属性
3. 了解列表样式的图片属性
4. 掌握新闻列表的制作方法
5. 掌握水平导航条、垂直导航条的制作方法
6. 掌握二级菜单的制作方法

任务描述

Peter 在前面的任务中完成了页面布局和超链接样式的修改。本任务要求制作广东云景旅游文化产业有限公司网站首页的导航条。

本任务的具体要求如下。

- 制作首页和二级页面的水平导航条。
- 制作首页内容部分——华阳湖景区、岭南水乡小镇和职位列表。
- 制作二级菜单。

知识引入

列表标签及其样式

导航区域多见于网页的头部区域，是整个网站公用的一个元素。通常来说，在一个网页当中，最常使用的是一级导航和二级导航。通常所说的一级菜单和二级菜单都是利用列表叠加 CSS 样式来让它们显示出不同的外观效果。HTML 列表元素 <ul> 和 <li> 在网页当中是非常常见的元素之一，很多内容都可以认为是列表，例如导航菜单、新闻列表、产品内容展示等。下面我们介绍 3 个最为常见的列表属性。

- list-style-type：设定引导列表项目的符号类型。
- list-style-image：选择图像作为项目的引导符号。
- list-style-position：决定列表项目所缩进的程度。

1. 列表符号

列表项目的符号类型有多种值可选，常见的如 none、disc、circle、decimal、lower-roman

等。要修改用于列表项的标志类型，可以使用属性 list-style-type，如表 5-1 所示。

表 5-1　常见的列表样式值及其含义

样式值	含义
none	不显示任何项目符号或编号
disc	在文本前面加实心圆
circle	在文本前面加空心圆
square	在文本前面加实心方块
decimal	在文本前面加普通的阿拉伯数字
lower-roman	在文本前面加小写罗马数字
upper-roman	在文本前面加大写罗马数字
lower-alpha	在文本前面加小写英文字母
upper-alpha	在文本前面加大写英文字母

例 5-1　列表样式类型属性

```
<!DOCTYPE html>
<html>
<head>
    <meta charset="utf-8">
    <title>无序列表样式类型属性</title>
    <style>
        .none{
            list-style-type: none;
        }
        .disc{
            list-style-type: disc;
        }
        .lower-roman{
            list-style-type: lower-roman;
        }
    </style>
</head>
<body>
    <p>无序列表实例: </p>

    <ul class="none">
        <li>Coffee</li>
        <li>Tea</li>
        <li>Coca Cola</li>
    </ul>

    <ul class="disc">
        <li>Coffee</li>
```

```
        <li>Tea</li>
        <li>Coca Cola</li>
    </ul>

    <ul class="lower-roman">
        <li>Coffee</li>
        <li>Tea</li>
        <li>Coca Cola</li>
    </ul>
</body>
</html>
```

为列表定义不同的 class 样式，将 list-style-type 设为 none、disc、lower-roman 就可以实现列表样式的不同效果，如图 5-1 所示。

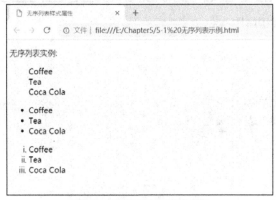

图 5-1 列表样式符号属性效果图

在本项目头部 CSS 样式文件 reset.css 中，添加去掉<ol>、<ul>标记的默认样式的代码。

```
ol, ul {
list-style: none;
}
```

2. 图片符号

List-style-image 即列表样式图片，该属性可以将定制的图片设置为项目符号。

例 5-2 列表样式图片属性

```
<!DOCTYPE html>
<html>
<head>
    <title>无序列表图片属性</title>
    <style type="text/css">
        a,a:visited{
            text-decoration: none;
            color: #33322e;
        }
        #navlist
```

```
        {
                list-style-type: none;
                font-size: 20px;
        }
        #navlist li
        {
                padding-left: 30px;
                background-image: url(image/right.png);
                background-repeat: no-repeat;
                background-position: 0 center;
        }
    </style>
</head>
<body>
    <ul id="navlist">
        <li><a href="#">公司架构</a></li>
        <li><a href="#">公司治理</a></li>
        <li><a href="#">企业文化</a></li>
        <li><a href="#">公司地址</a></li>
    </ul>
</body>
</html>
```

添加 CSS 样式代码，将列表样式的项目符号设置为 none，让图标作为背景出现，并且设置背景图像的位置来达到需要的效果，效果如图 5-2 所示。

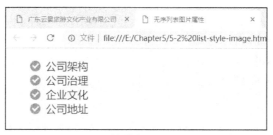

图 5-2　列表样式图片属性效果图

3. 列表符号位置

在 CSS 中，list-style-position 属性用于控制列表项目符号的位置，其取值有 inside 和 outside 两种，对它们的解释如下。

- inside：列表项目符号位于列表文本以内。
- outside：列表项目符号位于列表文本以外。

例 5-3　列表样式位置属性

```
<!DOCTYPE html>
<html>
<head>
```

```
    <meta charset="utf-8">
    <title>无序列表样式类型属性</title>
    <style>
        .w{
            width: 150px;
        }
        .in{
            list-style-type: decimal;
            list-style-position: inside;
            border: 1px solid red;
        }
        .out{
            list-style-type: decimal;
            list-style-position: outside;
            border: 1px solid red;
        }
    </style>
</head>
<body>
    <p>列表样式位置属性: </p>

    <ul class="in w">
        <li>Coffee</li>
        <li>Tea</li>
        <li>Coca Cola</li>
    </ul>

    <ul class="out w">
        <li>Coffee</li>
        <li>Tea</li>
        <li>Coca Cola</li>
    </ul>
</body>
</html>
```

运行效果如图 5-3 所示。

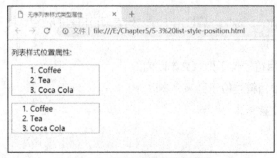

图 5-3　列表样式位置属性效果图

任务实现：制作旅游公司网站首页导航

在首页中，导航条水平排列；页面中间内容区域"华阳湖景区"和"岭南水乡小镇"以 3 列显示，如图 5-4 和图 5-5 所示。

图 5-4　首页头部效果图

图 5-5　首页中间内容区域效果图

1. 水平排列导航条

该导航条水平排列，文字颜色为#337ab7，首先用 HTML5 语义元素<nav>和无序列表创建导航条的内容，代码如下。

```
<nav>
    <ul>
        <li><a href="#">首页</a></li>
        <li><a href="#">公司概况</a></li>
        <li><a href="hua.html">华阳湖景区</a></li>
```

```
            <li><a href="#">岭南水乡小镇</a></li>
            <li><a href="feedback.html">意见反馈</a></li>
    </ul>
</nav>
```

　　为了实现导航条水平排列，需要将网站的 Logo 部分向左浮动，同时将导航条向左浮动。Logo 图片的高度为 61 像素。为了将导航条文字在垂直方向上对齐图片，将导航条的 height 和 line-height 均设置为 61 像素，设置左边距为 25 像素，这样可以使得图片和导航条之间有一定的距离。代码如下所示。

```
.logo{
    float: left;            /*Logo 向左浮动*/
}
nav{
    float: left;            /*导航条向左浮动*/
    height: 61px;           /*设置导航条和 Logo 的高度相同*/
    line-height: 61px;      /*垂直方向居中*/
    margin-left: 25px;      /*Logo 和导航条之间有一定的距离*/
}
```

此时样式运用效果如图 5-6 所示。

图 5-6　首页中间内容区域效果图

　　为了让导航条水平排列，导航条中的每一个列表项也需要应用向左浮动的样式，并且添加 30 像素右边距使得每个列表项之间有一定的距离。导航条的列表项通常都需要包裹超链接元素实现页面的跳转。为了实现超链接效果，这里首先去掉<a>元素的默认样式，并且将文字颜色变为#337ab7，代码如下所示。

```
nav li{
    list-style-type: none;      /*去掉列表项默认样式*/
    float: left;                /*列表项向左浮动*/
    margin-right: 30px;         /*设置列表项之间的距离*/
}
```

```
nav li a{
    text-decoration: none;        /*去掉超链接默认样式*/
    color: #337ab7;               /*设置文字颜色*/
}
```

至此页面公共部分的导航条就创建好了，如图 5-7 所示。

图 5-7　导航条效果

2. 编排页面中间内容区域

中间内容区域为华阳湖景区和岭南水乡小镇介绍列表，这部分包含图片和对应的文字信息，制作步骤如下。

首先创建 HTML 结构代码，对应 HTML5 的语义化标签<section>部分的代码如下。

```
<!-- 主体中间部分 -->
    <section class="main_middle">
            <div class="jingqu"> ……        /*华阳湖景区结构代码*/
            </div>
            <div class="jingqu"> ……        /*岭南水乡小镇结构代码*/
            </div>
            <div class="clear">             /*清除浮动代码*/
            </div>
    </section>
```

展开其中的一个类选择器为"jingqu"的 HTML 结构代码。

```
<!-- 华阳湖景区 -->
        <div class="jingqu">
            <div class="transbox hua">
                <div>
                        <p>华阳湖景区</p>
                </div>
```

```
                    </div>
                    <div class="jingqu_img">
                        <ul>
                            <li>
                                <figure>
                                    <img src="images/portfolio/hua_1.jpg">
                                    <figcaption>湿地公园</figcaption>
                                </figure>
                            </li>
                            此处省略其他 5 个 li……
                        </ul>
                    </div>
                    <div class="clear"></div>
                </div>
```

命名为"jingqu"的<div>又分为了两大部分，左边的"华阳湖景区"段落部分应用了多类选择器"trandbox"和"hua"，右边的 6 个景区图片是由列表元素构成的。这里为了省略篇幅，只写了第一个列表项的 HTML 代码。景区图片部分的类选择器名称为"jingqu_img"，li 项内容嵌套了 HTML5 语义元素<figure>，用来制作文档中插图的图像，<figcaption>用来定义<figure>元素的标题。

```
<!-- 内容区域图片部分 -->
    .jingqu{
        width: 1176px;
        margin-left: auto;
        margin-right: auto;
        padding-top: 60px;
        display: flex;
    }
    .transbox{
        width: 30%;
        float: left;
    }
    .jingqu_img{
        float: right;
        width: 70%;
    }
    .jingqu_img li{
        list-style: none;
        float: left;
        width: 31%;
        margin-right: 1%;
        margin-left: 1%;
    }
```

　　首页内容区域"jingqu"版面占幅为固定宽度 1176 像素，设置"trandbox"占据 30%的宽度，向左浮动，"jingqu_img"占据 70%的宽度，向右浮动。每一个图片项也需要设置宽度，添加外边距，这里将 6 幅图片分为 2 行 3 列，因此设置每个列表项的宽度为 31%，加上左右边距各 1%图片的宽度即为 33%，3 幅图片的宽度占据父元素"jingqu_img"宽度的 99%，这里并没有设计 100%的宽度是为了防止产生浮动的元素因为宽度不够的原因使位置发生错位。此时，页面运行效果如图 5-8 所示。

图 5-8　图片区域初步效果

　　为了将图片标题显示在<figure>图片元素的底部中间位置，需要对<figcaption>进行定位。这里使用绝对定位，将 bottom 属性设置为 0 像素，将图片底部的边缘设置在包含图片的父元素<figure>的底边上方 0 像素位置处。绝对定位的定位基准为最近的父元素，因此需要为<figure>设置 position 属性为 relative。再为图片标题设置背景色，文字颜色白色，水平和垂直方向居中。整个主体区域中间图片部分的 CSS 代码如下。

```
/*主体区域中间部分图片样式*/
.jingqu_img img{
    max-width: 100%;
}
.jingqu_img figure{
    position: relative;          /*figcaption 的定位基准*/
}
.jingqu_img figcaption{
    background-color: rgba(51,51,51,0.5);
    height: 2.5rem;              /*文字高度和行高设置为相同*/
    line-height: 2.5rem;         /*文字垂直方向居中*/
    color: white;
    text-align: center;          /*文字水平方向居中*/
    position: absolute;          /*将图片标题绝对定位在图片下方*/
    bottom: 0px;                 /*图片标题距离图片下方边缘 0 像素*/
```

```
      width: 100%;
}
```

第 1 行图片和第 2 行图片之间应当有一定距离，因此为后面 3 个列表项添加类选择器"col"，并设置 CSS 样式。

```
      .col{
      margin-top: 20px;            /*上边距 20px*/
}
```

至此，中间内容部分图片区域就制作完成了，效果如图 5-9 所示。

图 5-9　图片区域完成效果

任务拓展：制作二级菜单和职位列表

1. 制作二级菜单

二级菜单在页面中非常常见。在本任务拓展要实现的效果是只有当鼠标指针悬停在一级菜单上时，二级菜单才显示，即当鼠标指针经过一级菜单时会显示一个下拉列表，如图 5-10 所示。实现该效果的具体操作步骤如下。

操作视频：制作
二级菜单

图 5-10　二级菜单效果图

首先用无序列表创建导航条的一级菜单和二级菜单，代码如下。

```
<!-- 二级菜单 -->
    <div class="nav">
```

```
    <ul>
        <li><a href="#">首页</a></li>
        <li><a href="#">公司概况<i class="fa fa-angle-down"></i></a>
            <ul>
                <li><a href="#">公司架构</a></li>
                <li><a href="#">公司治理</a></li>
                <li><a href="#">企业文化</a></li>
                <li><a href="#">公司地址</a></li>
            </ul>
        </li>
        <li><a href="#">华阳湖景区<i class="fa fa-angle-down"></i></a></li>
        <li><a href="#">岭南水乡小镇<i class="fa fa-angle-down"></i></a>
        </li>
        <li><a href="#">意见反馈</a></li>
    </ul>
</div>
```

在 CSS 文件中清零边距，修改链接默认样式，设置链接字体、颜色、大小。

```
*{
    margin: 0px;
    padding: 0px;
}
ul{
    list-style-type: none;
    margin:10px 0px;
}
a:link,a:visited{
    text-decoration: none;
    color: #36332e;
}
a:hover{
    color: #36332e;
}
```

设置类选择器"nav"的宽度高度以及页面居中显示，设置 float 属性为 left，使得每个列表项向左浮动。

```
.nav{
    width: 685px;
    height: 60px;
    margin: 10px auto;              /*居中显示*/
    border:1px solid #337ab7;
    border-radius: 5px;
}
```

```
.nav ul li{
    float:left;
    line-height: 40px;
    padding:0px 20px 15px 20px;;  /*增加每个列表项之间的距离*/
}
```

此时的样式效果如图 5-11 所示。

图 5-11　二级菜单浮动后效果

可以看到此时导航条内容杂乱无章。为了让导航条二级菜单只有当鼠标指针经过相应一级菜单的时候才出现隐藏或显示的效果，需要结合定位属性，将二级菜单的 position 属性设置为 absolute，并且结合 left 属性将二级菜单不显示在页面中。此时二级菜单实际存在，只是因为偏移位置的原因在页面当中被隐藏。当鼠标指针移动到一级菜单时，二级菜单的属性变为 auto，正常显示。为了防止导航条下面的元素遮住二级菜单的显示，将 z-index 属性设置为 9999，此时二级菜单拥有最高的堆叠顺序，不会被遮挡。代码如下。

```
/*隐藏和显示二级菜单*/
.nav ul li ul{
    width: 100px;
    position: absolute;
    left:-999px;                /*隐藏二级菜单*/
}
.nav ul li:hover ul{
    left: auto;                 /*当鼠标指针悬停在一级菜单上时显示二级菜单*/
    z-index: 9999;              /*设置 z 轴属性为最大值，让二级菜单置顶*/
}
```

二级菜单列表项为垂直排列，因此需要取消其继承自一级菜单的浮动属性，代码如下。

```
/*二级菜单去掉浮动*/
.nav ul li:hover ul li{
    float: none;
}
```

修饰二级菜单，添加背景色，修改文字颜色为白色，使得二级菜单具有按钮式链接样式。

```
/*修饰二级菜单*/
.nav ul li:hover ul li,.nav ul li:hover ul li a{
    display: block;
    line-height: 30px;
```

```
    padding :0 3px;
    background-color:#337ab7;
    color: white;
}
.nav ul li:hover ul li a:hover{
    background-color:#5c9cff;
}
```

最后，当鼠标指针移动到一级菜单时，文字部分会自动出现下划线，如图 5-12 所示。

首页　　公司概况ˇ　　华阳湖景区ˇ　　岭南水乡小镇ˇ　　招贤纳士　　意见反馈

图 5-12　一级菜单鼠标指针经过效果

利用一级菜单列表项的伪类状态 hover，添加下边框宽度为 2 像素的实线，并且其与文字的距离为 6 像素。CSS 代码如下。

```
/*鼠标指针在一级菜单上的时候出现下划线*/
.nav ul li a:hover{
    border-bottom: 2px solid #4D4945;
    padding-bottom: 6px;
}
/*鼠标指针在二级菜单上的时候不出现下划线*/
.nav ul li:hover ul li a:hover{
    border-bottom: none;
}
```

至此二级菜单制作完成，完整 CSS 代码如下所示。

```
*{
    margin: 0px;
    padding: 0px;
}
ul{
    list-style-type: none;
    margin:10px 0px;
}
a:link,a:visited{
    text-decoration: none;
    color: #36332e;
}
a:hover{
    color: #36332e;
}
.nav{
    width: 685px;
    height: 60px;
```

```
        margin: 10px auto;
        border:1px solid #337ab7;
        border-radius: 5px;
}
.nav ul li{
        float:left;
        line-height: 40px;
        padding:0px 20px 15px 20px;              /*适当调整间距*/
}
/*鼠标指针在一级菜单上的时候出现下划线*/
.nav ul li a:hover{
        border-bottom: 2px solid #4D4945;
        padding-bottom: 6px;
}
/*鼠标指针在二级菜单上的时候不出现下划线*/
.nav ul li:hover ul li a:hover{
        border-bottom: none;
}
/*隐藏和显示二级菜单*/
.nav ul li ul{
        width: 100px;
        position: absolute;
        left:-999px;
}
.nav ul li:hover ul{
        left: auto;
        z-index: 9999;
}
/*取消继承自一级菜单的浮动属性*/
.nav ul li:hover ul li{
        float: none;
}
/*设置二级菜单的各项属性*/
.nav ul li:hover ul li,.nav ul li:hover ul li a{
        display: block;
        line-height: 30px;
        padding :0 3px;
        background-color:#337ab7;
        color: white;
}
/*鼠标指针经过二级菜单的效果*/
.nav ul li:hover ul li a:hover{
        background-color:#5c9cff;
```

```
}
```

2. 制作职位列表

无序列表<ul>和<li>也经常被用来制作各种列表。旅游网站首页职位列表有一个标题，标题和招聘内容之间有一条分割线，每一个列表前面没有项目符号，文字"更多"和职位标题在同一行，靠右显示，如图 5-13 所示。具体操作步骤如下所示。

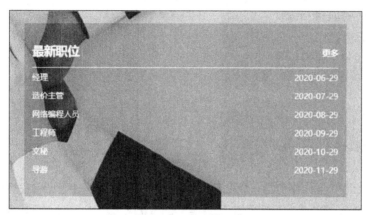

图 5-13 职位列表效果

首先套用无序列表书写职位列表 HTML 结构部分代码。标题"职位列表"的代码如下。

```html
<!--职位列表 -->
<section class="main_bottom">
    <div class="main_bottom_left">
        <p>你或许可以在这里找到一个适合你的工作，并收获一个大家庭</p>
    </div>
    <div class="main_bottom_right">
        <div>
            <h3>职位列表<span class="more"><a href="#">更多</a></span></h3>
            <ul>
                <li><a href="#">经理</a><span >2020-06-29</span></li>
                <li><a href="#">造价主管</a><span >2020-07-29</span></li>
                <li><a href="#">网络编程人员</a><span >2020-08-29</span></li>
                <li><a href="#">工程师</a><span >2020-09-29</span></li>
                <li><a href="#">文秘</a><span >2020-10-29</span></li>
                <li><a href="#">导游</a><span >2020-11-29</span></li>
            </ul>
        </div>
    </div>
</section>
```

HTML 结构部分整体分为 main_bottom_left 和 main_bottom_right 两大部分。首先设置 main_bottom 的宽度、高度等基本属性，让背景图片在页面中间显示。在前面的学习内容中，为了让<div>内部的文字垂直居中，我们设置了 height 属性的值等于 line-height 属性的值，现在可以使用 display:flex 来实现，即在 main_bottom 中设置 display:flex;align-items:center; 属性。

弹性布局（Flexible Box），用来为盒状模型提供最大的灵活性。设置 flex 布局以后，子元素的 float、clear 和 vertical-align 属性将失效。它即可以应用于容器中，也可以应用于行内元素，可以居中对齐弹性盒的各项 div 元素。

```css
.main_bottom {
    background-image: url("../image/recruit.jpg") ;
    width: 1160px;
    height: 428px;
    margin: 0 auto;
    display: flex;
    align-items: center;
}
```

在 main_bottom_left 中包含一个段落"<p>你或许可以在这里找到一个适合你的工作，并收获一个大家庭</p>"，需要为此段落添加"双引号"的背景图片。在此部分的 CSS 中，使用了 rem 设置段落文字的字体和行高。rem 是相对于根元素<html>设置的。这就意味着，只需要在根元素确定一个参考值。在此示例中，将浏览器默认的字号设置为 14 像素，因此段落文字的大小就是 1×14=14 像素，文字高度和行高都为 5×14=70 像素。利用 Chrome 浏览器的调试功能（按"F12"键），可以看到计算出的具体值为 70 像素，如图 5-14 所示。

```css
html{
    font-size: 14px;
    font-family:"微软雅黑";
    color: white;
}
.main_bottom_left{
    width: 49%;
    float: left;
    text-align: center;
    color: white;
}
.main_bottom_left p{
    background:url("../image/recruitLeft.png") no-repeat top left,
               url("../image/recruitRight.png") no-repeat right bottom;
    font-size: 1rem;
    height: 5rem;
    line-height: 5rem;
    width: 80%;
    margin-left: 20px;
}
```

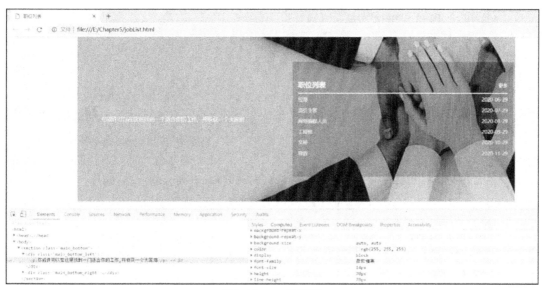

图 5-14　rem 计算示例

为了让"更多"两个字靠右排列，这里添加了类别选择器"more"，将 span 的行内属性转换为块类别属性，再将其向右浮动。整个文件的 CSS 代码如下所示。

```css
*{
    padding: 0;
    margin: 0;
}
html{
    font-size: 14px;
    font-family:"微软雅黑";
    color: white;
}
ul{
    list-style-type: none;
}
a:link,a:visited{
    text-decoration: none;
    color: white;
}
a:hover{
    color: #bb0f73;
}
.main_bottom {
    background-image: url("../image/recruit.jpg") ;
    width: 1160px;
    height: 428px;
    margin: 0 auto;
    display: flex;
```

```css
      align-items: center;
   }
.main_bottom_left{
      width: 49%;
      float: left;
      text-align: center;
      color: white;
   }
.main_bottom_left p{
      background:url("../image/recruitLeft.png") no-repeat top left,
               url("../image/recruitRight.png") no-repeat right bottom;
      font-size: 1rem;
      height: 5rem;
      line-height: 5rem;
      width: 80%;
      margin-left: 20px;
   }
.main_bottom_right{
      float: right;
      width: 48%;
      height: 70%;
      background-color: rgba(51,51,51,0.3);
      padding-left: 15px;
      padding-right: 15px;
      display: flex;
      align-items: center;
   }
.main_bottom_right div{
      width: 100%;
   }
.main_bottom_right li{
      font-size: 0.9rem;
      line-height: 2rem;
   }
.main_bottom_right li span{
      float:right;
   }
.main_bottom h3{
      font-size: 1.3rem;
      font-weight: bold;
      border-bottom: 2px solid white;
      padding-bottom: 10px;
   }
.more a{
```

```
    display: block;
    float: right;
    line-height: 2rem;
    font-size: 0.9rem;
    font-weight: bold;
}
```

任务小结

本任务介绍了 CSS 中列表的基本语法，讲述了如何使用 CSS 属性控制项目列表的样式，并且详细介绍了设置列表样式的每种属性值的方法。通过示例演示了如何制作水平导航条、垂直导航条和下拉菜单。通过设置 CSS 列表样式，可以得到千变万化、多种多样的导航条效果，从而可丰富页面的形式。

课后练习

利用超链接的知识和列表知识制作导航条，如图 5-15 所示。

| 我的订单 | 我的品优购 ∨ | 品优购会员 | 企业采购 | 关注品优购 ∨ | 客户服务 ∨ | 网站导航 ∨ |

图 5-15 导航条

拓展案例：制作
水平导航

任务六
美化网页

06

学习目标

① 理解文本的阴影属性
② 理解 CSS3 背景的属性
③ 理解 CSS3 边框的属性
④ 理解字体图标

⑤ 掌握设置文本阴影的方法
⑥ 掌握设置背景透明度的方法
⑦ 掌握设置网页字体图标的方法

任务描述

Peter 在前面的任务中已经完成了网站的完整框架设计，基本的样式也实现了。但是在一些细节方面还没有达到理想的要求，例如给意见反馈页面的按钮设置阴影效果、设置圆角边框、用字体图标装饰页面等。本任务要求美化广东云景旅游文化产业有限公司网站页面。

本任务的具体要求如下。

- 为首页和二级页面的搜索框添加字体图标。
- 美化意见反馈页面的提交按钮。
- 为网站首页的景区图片设置透明效果。

知识引入

1. text-shadow

text-shadow 属性用于为文本设置阴影，其语法如下。

```
text-shadow: h-shadow v-shadow blur color;
```

CSS3 是最新的 CSS 标准。在 CSS2 中，如果想要实现文字的阴影效果，一般都是使用 Photoshop 等来实现；但是在 CSS3 中，这种效果用一个 text-shadow 属性就能实现了。

text-shadow 具体的属性值如表 6-1 所示。属性设置示例如图 6-1 所示。

表 6-1　text-shadow 属性

属性	含义
X Offset	必需。水平阴影的位置。允许负值
Y Offset	必需。垂直阴影的位置。允许负值
Blur	可选。模糊的距离
Color	可选。阴影的颜色

```
text-shadow: 2px 3px 2px #000;
              ↗      ↗     ↗    ↗
           X Offset  Y Offset  Blur  Color
```

图 6-1　text-shadow 属性设置

例 6-1　文字阴影

```html
<!DOCTYPE html>
<html>
<head>
<style>
  h1 {
    background: #7fffd4;
    width: 740px;
    padding: 30px;
    font: bold 55px/100% "微软雅黑";
    color: #fff;
    text-shadow: 5px 5px 5px #ee0350;
  }
</style>
</head>
<body>
  <h1>广东云景旅游有限公司 LOGO</h1>
</body>
</html>
```

代码效果如图 6-2 所示。

图 6-2　text-shadow 阴影设置效果图 1

X Offset 表示阴影的水平偏移距离，其值为正值时阴影向右偏移，其值为负值时阴影向左偏移；Y Offset 是指阴影的垂直偏移距离，其值是正值时阴影向下偏移，其值是负值时阴影向顶部偏移；Blur 是指阴影的模糊程度，其值不能是负值，值越大，阴影越模糊，反之阴影越清晰，如果不需要阴影模糊可以将 Blur 值设置为 0；Color 是指阴影的颜色，可以使用 RGBA 色。

例 6-2　文字阴影霓虹灯效果

```
<!DOCTYPE html>
<html>
<head>
<style>
p{
    background: #666666;
    width: 740px;
    padding: 30px;
    font: bold 55px/100% "微软雅黑";
    color: #fff;
    text-shadow:0 0 5px #fff, 0 0 10px #fff, 0 0 15px #fff, 0 0 40px #ff00de,
0 0 70px #ff00de;
}
</style>
</head>
<body>
    <p>广东云景旅游有限公司 LOGO</p>
</body>
</html>
```

可以给一个对象应用一组或多组阴影效果，方式如前面的语法显示一样，用逗号隔开，同时增加几个不同的半径值，创造多种不同的阴影效果，例如例 6-2 所示的霓虹灯效果，如图 6-3 所示。

图 6-3　text-shadow 阴影设置效果图 2

2. box-shadow

box-shadow 属性为框添加一个或多个阴影。CSS3 的 box-shadow 有点类似于 text-shadow，只不过不同的是 text-shadow 是给对象的文本设置阴影，而 box-shadow 是给对象实现图层阴影效果，其语法如下。

```
box-shadow: h-shadow v-shadow blur spread color inset;
```

具体的属性值如表 6-2 所示。

表 6-2　box-shadow 属性

属性	含义
h-shadow	必需。水平阴影的位置。允许负值
v-shadow	必需。垂直阴影的位置。允许负值
blur	可选。模糊的距离
spread	可选。阴影的尺寸
color	可选。阴影的颜色
inset	可选。将外部阴影（outset）改为内部阴影

例 6-3　四边具有相同颜色的阴影效果

```html
<html >
<head>
  <title>box-shadow 效果演示 1</title>
  <style type="text/css">
    .demo{
        width: 100px;
        height: 100px;
        background-color:#91e7f2;
        position: absolute;
        left: 100px;
        top: 20px;
        box-shadow:0 0 10px #f20a59;
    }
  </style>
</head>
<body>
    <div class="demo"></div>
</body>
</html>
```

在上述代码中只设置阴影模糊的距离和阴影的颜色（HEX 值），如图 6-4 所示。

图 6-4　box-shadow 阴影设置效果图 1

例 6-4　四边具有不同颜色的阴影效果

```html
<html>
<head>
    <meta charset="utf-8">
    <title>box-shadow 效果演示 2</title>
    <style type="text/css">
    .demo {
        width: 100px;
        height: 100px;
        background-color:#91e7f2;
        position: absolute;
        left: 100px;
        top: 20px;
    }
    .demo1{
        box-shadow:-2px 0 5px green,
            0 -2px 5px blue,
            0 2px 5px red,
            2px 0 5px #f20a59;
    }
    </style>
</head>
<body>
    <div class="demo demo1"></div>
</body>
</html>
```

给对象四边设计阴影，是通过改变 X Offset 和 Y Offset 的正负值来实现的。其中 X Offset 为负值时生成左边阴影，为正值时生成右边阴影；Y Offset 为正值是生成底部阴影，为负值时生成顶部阴影，如图 6-5 所示。

图 6-5　box-shadow 阴影设置效果图 2

代码中为了向前兼容老版本的浏览器，还可以添加相应的前缀。

- -moz-对应 Firefox 浏览器。
- -webkit-对应 Safari 和 Chrome 浏览器。
- -o-对应 Opera 浏览器。
- -ms-对应 E 浏览器。

例如：

```
box-shadow:0 0 10px #f20a59;
-moz-box-shadow:0 0 10px #f20a59;
-webkit-box-shadow:0 0 10px #f20a59;
```

目前主流的浏览器有 5 种，分别是 IE、Firefox、Google Chrome、Safari、Opera。四大内核分别是：Trident（也称 IE 内核）、Webkit、Blink、Gecko。浏览器最重要的部分是浏览器的内核，它是浏览器的核心，也称"渲染引擎"，用来解释网页语法并将其渲染到网页上。浏览器内核决定了浏览器该如何显示网页内容以及页面的格式信息。不同的浏览器内核对网页的语法解释也不同，因此网页开发者需要在不同内核的浏览器中测试网页的渲染效果。五大浏览器都是单内核，而随着浏览器的发展，现在也出现了双内核浏览器，像 360 浏览器、QQ 浏览器都采用了双内核。

3. border-radius

border-radius 属性为元素添加圆角边框，其语法如下。

```
border-radius: 1-4 length|% / 1-4 length|%;
```

具体的属性值如表 6-3 所示。

表 6-3　border-radius 属性

属性	含义
length	定义圆角的形状
%	以百分比定义圆角的形状

例 6-5　圆角示例 1

```
<!DOCTYPE html>
<html>
<head>
<style>
div{
    width: 250px;
    height: 100px;
    line-height: 100px;
    text-align: center;
    border-radius: 30px;
    border: 3px solid red;
}
</style>
```

```
</head>
<body>
    <div>广东云景旅游有限公司 LOGO</div>
</body>
</html>
```

示例效果如图 6-6 所示。

图 6-6　border-radius 设置效果图 1

border-radius 属性其实是 border-top-left-radius、border-top-right-radius、border-bottom-right-radius、border-bottom-left-radius 4 个属性的简写模式，因此，border-radius：30px;其实等价于 border-radius：30px 30px 30px 30px;（注意：与 padding 和 margin 一样，各个数字之间用空格隔开）。

这里要注意 4 个数值的书写顺序，不同于 padding 和 margin 的"上、右、下、左"的顺序，border-radius 采用的是左上角、右上角、右下角、左下角的顺序，如图 6-7 所示。

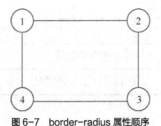

图 6-7　border-radius 属性顺序

例 6-6　圆角示例 2

```
<!DOCTYPE html>
<html>
<head>
<style>
div{
    width: 250px;
    height: 100px;
    line-height: 100px;
    text-align: center;
    border-radius: 50px 0;
    border: 3px solid red;
```

```
}
</style>
</head>
<body>
    <div>广东云景旅游有限公司 LOGO</div>
</body>
</html>
```

示例效果如图 6-8 所示。

图 6-8　border-radius 设置效果图 2

4. background

background 可以在一个声明中设置所有的背景属性，其语法如下。

```
background:bg-color bg-image position/ bg-size bg-repeat bg-origin bg-clip bg-
attachment initial|inherit;
```

具体属性含义如表 6-4 所示。

表 6-4　background 属性

属性	含义
background-color	指定要使用的背景颜色
background-image	指定要使用的一个或多个背景图像
background-position	指定背景图像的位置
background-size	指定背景图片的大小
background-repeat	指定如何重复背景图像
background-origin	指定背景图像的定位区域
background-clip	指定背景图像的绘画区域
background-attachment	设置背景图像是否固定或者随着页面的其余部分滚动

例如：

```
background: #00FF00 url("../images/recruit.jpg") no-repeat fixed center;
```

以上代码表示：设置区域的背景是红色，图片是 images 文件夹下的 recruit.jpg，不平铺，背景图像不随着页面的其余部分滚动，图片的位置在页面中间。

通常建议使用这个属性，而不是分别使用单个属性，因为这个属性在较老的浏览器中能够得到更好的支持，而且需要键入的字母也更少。如果不设置其中的某个值，也不会出问题，比如直接写background:url("../images/recruitLeft.png") no-repeat top left;也是允许的。

（1）background-position

background-position 属性设置背景图像的起始位置。

① left，top，right，bottom，center：5 个值组合显示位置。如果只写第 1 个，第 2 个属性默认为 center。

② x% y%：第 1 个值是水平位置，第 2 个值是垂直位置。左上角是 0% 0%，右下角是 100% 100%。如果仅规定了一个值，另一个值将是 50%。

③ xpx ypx：第 1 个值是水平位置，第 2 个值是垂直位置。

（2）background-repeat

background-repeat 规定如何重复背景图像。默认地，背景图像在水平和垂直方向上重复。

① repeat-x，repeat-y：背景图像将在水平（垂直）方向重复。

② no-repeat：不重复。

③ inherit：规定应该从父元素继承 background-repeat 属性的设置。

（3）background-attachment

background-attachment 规定背景图像是否固定或者随着页面的其余部分滚动。

① scroll：默认值。背景图像会随着页面其余部分的滚动而移动。

② fixed：当页面的其余部分滚动时，背景图像不会移动。

③ inherit：规定应该从父元素继承 background-attachment 属性的设置。

5. opacity

opacity 设置一个 div 元素的透明度级别，其语法如下。

```
opacity: value inherit;
```

其具体属性如表 6-5 所示。

表 6-5　opacity 属性

属性	含义
value	指定不透明度。从 0.0（完全透明）到 1.0（完全不透明）
inherit	opacity 属性的值应该从父元素继承

所有主流浏览器都支持 opacity 属性。

注意　IE8 和早期版本支持另一种过滤器属性 filter:Alpha(opacity=50)。

例如，以下代码表示透明度为 0.8。

```
opacity: 0.8;
```

```
filter:alpha(opacity=80);
```

6. Font Awesome 字体图标

图片是有诸多优点，然而目前使用图片在网站设计行业面临各种各样的挑战。图片过多不但增加了总文件的大小，还增加了很多额外的"http 请求"，这都会大大降低网页的性能。图片还有一个缺点就是不能很好地进行"缩放"，当图片被放大时会失真（即变模糊）；当图片被缩小时又会浪费掉像素，而且加载每一张图片都需要一次"http 请求"，因此也拖慢了整个加载页面的时间。

字体图标就不会有以上这些问题，字体图标可以进行随意缩放并且每一个字符都不需要进行额外的"http 请求"。由于字体图标使用的是可缩放矢量图形，在任何分辨率下都不会失真。即使是苹果的视网膜屏幕，效果依然完美。相对于传统的使用背景图片作为图标，采用字体图标的优点有如下几点。

- 具有字体的各种特性：比如变色、变大变小、字体阴影等。
- 加载速度快：提高了页面的加载速度。
- 不需要 JavaScript 要求：更快的载入速度。
- CSS 控制：轻松地定义图标的颜色、大小、阴影和任何与 CSS 相关的特性。
- 自由免费：免费应用。

目前有很多字体图标库，如 Font Awesome、阿里巴巴矢量图标库 Iconfont 等。Font Awesome 是一款很流行的字体图标工具，随着 Bootstrap 的流行而逐渐被人所认识，现在 Font Awesome 可以应用在各种 Web 前端开发中。

下面我们以 Font Awesome 为例来讲解如何使用字体图标。

① 登录 Font Awesome 官网，如图 6-9 所示，下载 Font Awesome 安装包。目前的最新版本为 4.7.0，收录了 675 个图标，如图 6-10 所示。

图 6-9　Font Awesome 官方网站

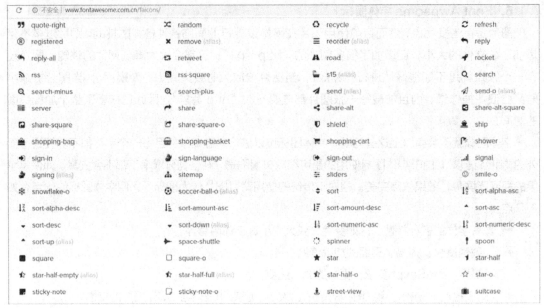

图 6-10　Font Awesome 图标

② 下载好安装包后，解压安装包，将图 6-11 所示 Font Awesome 4.7.0 解压后的所有文件复制到自己项目的 fonts 文件夹中，如图 6-12 所示。CSS 文件夹里面的 font-awesome.min.css （表示压缩过的）文件相对 font-awesome.css 文件占用空间更小。

图 6-11　Font Awesome 4.7.0 解压后

图 6-12　添加到项目网站的 fonts 目录中

③ 打开 HTML 页面，在 head 头部中引入 font-awesome.min.css，如下所示。

```
<link rel="stylesheet" type="text/css" href="fonts/css/font-awesome.min.css">
```

如果没有下载安装包，也可以引入在线 CSS，如下所示。

```
<link rel="stylesheet" href="https://cdn.bootcss.com/font-awesome/4.7.0/css/
font-awesome.css">
```

如需兼容 IE 浏览器，可以使用 Font-awesome 的 3.2.1 版本。下载 font-awesome-ie7.css 或者是 font-awesome-ie7.min.css，然后在项目中引入该样式文件，如下所示。

```
<!--[if IE 7]>
<link rel="stylesheet" href="fonts/css/font-awesome-ie7.min.css">
<![endif]-->
```

④ Font Awesome 图标可以在网页的任何一个地方引用，只要在该元素的类中加入前缀 fa，再加入对应的图标名称，例如<i class="fa fa-car"></i>、<i class="fa fa-book"></i>。

Font Awesome 被设计为可以与内联元素一起使用，<i>和<span>元素广泛用于图标。

7. Animation 动画属性

Animation 动画属性

拓展案例：旋转的
盒子

和其他 CSS3 属性类似，Animation 包含很多子属性：animation-name、animation-duration 、 animation-timing-function 、 animation-delay 、animation-iteration-count 、 animation-direction 、 animation-play-state、animation-fill-mode 以及@keyframes。

① animation-name：指定@keyframes 的名字，CSS 加载时会应用该名字的@keyframes 规则来实现动画。

② animation-duration：动画持续时间，默认值为 0 表示无动画，单位可以设为 s（秒）或 ms（毫秒）。

③ animation-timing-function：动画播放方式，默认值为 ease，可以设为 linear、ease、ease-in、ease-out、ease-in-out、cubic-bezier(n,n,n,n)、steps。关于贝塞尔曲线和 steps 可以参照上一篇 transition，和 transition-timing-function 类似，不多赘述。

④ animation-delay：延迟开始动画的时间，默认值是 0，表示不延迟，立即播放动画。单位是 s（秒）或 ms（毫秒）。允许设负时间，意思是让动画动作从该时间点开始启动，之前的动画不显示。例如-2s 使动画马上开始，但前 2 秒的动画被跳过。

⑤ animation-iteration-count：动画循环播放的次数，默认值为 1，即放完一遍后不循环播放。除数字外也可以设关键字 infinite，表示无限循环播放。

⑥ animation-direction：动画播放的方向，可以设为 ormal、alternate、alternate-reverse。默认值是 normal 表示正常播放动画。alternate 表示轮转正反向播放动画，即动画会在奇数次（1，3，5…）正常播放，而在偶数次（2，4，6…）反向播放。alternate-reverse 正好反过来，奇数次反向播动画，偶数次正向播动画。

⑦ animation-play-state：规定动画正在运行还是暂停，可以设为 paused、running。paused 规定动画已暂停，running 规定动画正在播放。

⑧ animation-fill-mode：规定动画在播放之前或之后，其动画效果是否可见。可以设为 none、forwards、backwards、both。none 表示不改变默认行为。forwards 表示当动画完成后，保持最后一个属性值（在最后一个关键帧中定义）。backwards 表示在 animation-delay 所指定的一段时间内，在动画显示之前，应用开始属性值（在第一个关键帧中定义）。both 表示向前和向后填充模式都被应用。

⑨ @keyframes：规定动画的名称和动画的效果。animationname 表示动画的名称。keyframes-selector 表示动画时长的百分比。css-styles 表示样式属性。

例 6-7 利用 CSS3 Animation 动画属性实现图片轮播

```html
<!DOCTYPE html>
<html>
<head>
<style>
/*图片轮播*/
.banner {
    width: 1160px;
    height: 495px;
    overflow: hidden;
    position: relative;
    margin: 0 auto;
}

.photo {
    position: absolute;
    animation: round 16s infinite;
    opacity: 0;
}

@keyframes round {
    25% {
        opacity: 1;
    }
    40% {
        opacity: 0;
    }
}
img:nth-child(1) {
    animation-delay: 12s;
}

img:nth-child(2) {
    animation-delay: 8s;
}

img:nth-child(3) {
    animation-delay: 4s;
}

img:nth-child(4) {
    animation-delay: 0s;
}
```

```
    </style>
    </head>
    <body>
      <div class="banner ">
                      <img class='photo' src="images/2.jpg" alt="">
                      <img class='photo' src="images/3.jpg" alt="">
                      <img class='photo' src="images/4.jpg" alt="">
                      <img class='photo' src="images/5.jpg" alt="">
      </div>
    </body>
    </html>
```

以上代码利用CSS3的Animation属性可实现将图6-13所示的4幅图展现为从图6-14到图6-15滚动播出的效果。

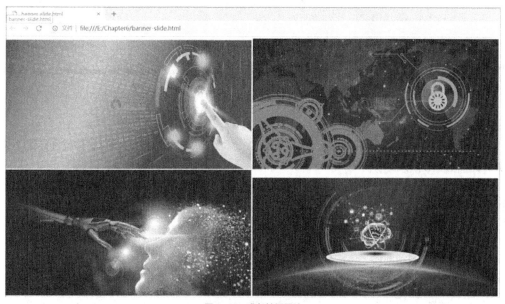

图 6-13　准备轮播图片

图 6-14　轮播效果示例 1

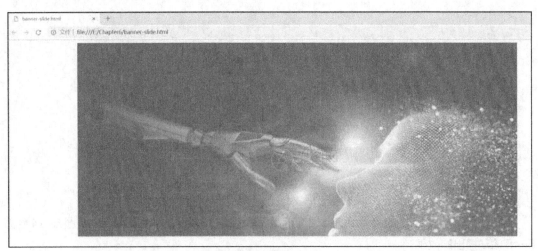

图 6-15　轮播效果示例 2

任务实现：美化旅游公司网站页面

1. 为网页添加图标

在本网站首页中，导航条右侧有一个搜索框，搜索框右侧有个放大镜图标，边框显示圆角边框效果，如图 6-16 所示。

图 6-16　首页头部搜索框应用字体图标效果图

实现以上功能用到前述字体图标的有关内容，关键 CSS 代码如下所示。

```css
.search button:before{
    content: "\f002";
    font-family: FontAwesome;
    color: #337ab7;
}
```

网站中还有多处都用到了字体图标，在此不再一一赘述。

```html
<h3><i class="fa fa-trophy" aria-hidden="true"></i>公司介绍</h3>
<h3><i class="fa fa-tty" aria-hidden="true"></i>发展目标</h3>
<h3><i class="fa fa-clock-o" aria-hidden="true"></i>公司地址</h3>
```

2. 为按钮添加阴影

单击首页导航条"意见反馈"超链接之后进入二级页面"意见反馈表"，此反馈表最下方的"提交"按钮具有阴影效果，如图 6-17 所示。

实现以上功能用到前述阴影和圆角边框的有关知识，关键 CSS 代码如下所示。

```css
#feedback input#submit {
```

```
        text-decoration: none;
        height: 34px;
        font-size: 20px;
        background-color: #b01c20;
        border-radius: 8px;
        color: white;
        background: -moz-linear-gradient(top, rgb(241,92,96) 0%, rgb(176,28,32)
100%);
        background: -webkit-linear-gradient(top, rgb(241,92,96) 0%,rgb (176,28,32)
100%);
        box-shadow: 5px 5px 5px hsla(0, 0%, 26.6667%, 0.8);
        text-shadow: 0px 1px black;
        border: 1px solid #bfbfbf;
        width: 300px;
        margin:10px auto;
        display: block;
    }
```

图 6-17　意见反馈表页面效果图

调查问卷的每个文本框下方有线性渐变阴影效果，代码如下所示。

```
background: linear-gradient(top, #ffffff 77%,#f2f2f2 100%);
```

3. 设置图片透明度

首页中间内容区域"华阳湖景区"和"岭南水乡小镇"均设置了图片的透明度，如图 6-18 所示以"华阳湖景区"为例。

实现以上功能用到了前述透明度的有关知识，关键 CSS 代码如下所示。

```
.transbox{
        width: 30%;
        float: left;
    }
.transbox div{
        opacity: 0.8;            /*透明度设置*/
        filter:alpha(opacity=80);  /*兼容 IE 浏览器透明度设置*/
```

109

```
        width: 100%;
        color: white;
        font-size: 1.5rem;
        text-align: center;
        height: 100%;
        display: flex;
}
.hua div{
        background-color: #66a0e9;
}
.hua{
        background: url("../images/hyhimg1.jpg");
}
.ling{
        background: url("../images/hyhimg2.jpg");
}
.ling div{
        background-color:#e9647f;
}
```

图 6-18　内容区域图片透明度效果图

✎ 任务拓展：利用阿里巴巴矢量图标库制作购物车

本任务利用阿里巴巴矢量图标库 Iconfont 制作购物车，效果如图 6-19 所示。

🛒 我的购物车　﹥

图 6-19　用 Iconfont 制作的购物车

除了 Font Awesome，近年来阿里巴巴矢量图标库也得到了大量的应用，如图 6-20 所示。Iconfont 的图标库相当巨大，目前图标数量已经有 7 606 201 个。如果库里仍然没有需要的图标，可以自己动手制作自己的图标，然后使用网站的在线生成工具来生成字体文件。

除了拥有巨大的图标库之外，Iconfont 使用更为灵活。如果网站只需要用到 5 个图标，那么只需要将这 5 个图标的字体文件和相关的 CSS 文件下载下来就可以用了。而 Font Awesome 即使只使用 2 个图标，也需要将所有文件都下载下来才能使用。以下列出了阿里巴巴矢量图标库中的购物车图标以供读者自行下载学习使用，如图 6-21 所示。

图 6-20 阿里巴巴矢量图标库 Iconfont

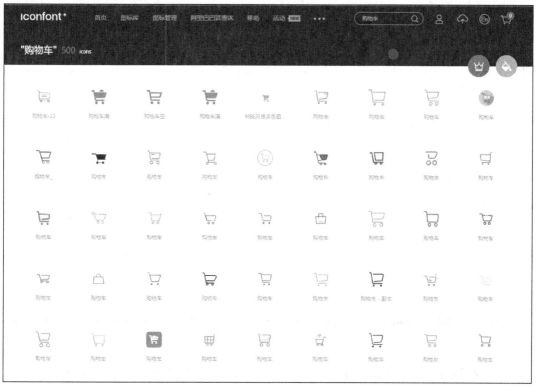

图 6-21 阿里巴巴矢量图标库中丰富的购物车图标

HTML 代码如下所示。

```html
<!DOCTYPE html>
<html>
<head>
    <meta charset="utf-8">
    <title>iconfont 示例</title>
    <link rel="stylesheet" type="text/css" href="css/index.css">
    <link rel="stylesheet" type="text/css" href="css/iconfont/iconfont.css">
</head>
<body>
    <div class="header">
        <i class="iconfont  icon-shouye"></i>
        我的购物车
        <i class="iconfont  icon-right"></i>
    </div>
</body>
</html>
```

CSS 代码如下所示。

```css
body{
    font-size: 15px;
    margin-top: 20px;
}
.header{
    width: 138px;
    margin:0 auto;
    height: 34px;
    border: 1px solid #e1e1e1;
    background: #f7f7f7;
    text-align: center;
    line-height: 34px;
}.header  i{
    font-size: 15px;
    color: red;
}
```

任务小结

本任务着重讲解各种修饰元素。使用修饰元素可使网站页面更加美观大方。修饰美化页面的方法有很多，可以利用 CSS3 新增的属性 text-shadow 和 box-shadow 为文本和图层添加阴影，可以在不使用图像的基础上利用 border-radius 设置圆角边框效果，利用 opacity 增加图片的透明度，还可以使用字体图标修饰页面，使用 Animation 动画属性添加简单的图片轮播效果等。

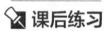

课后练习

利用本任务所学的美化知识制作云景旅游项目首页轮播效果图，图片在 images/banners 文件夹下。

拓展知识：transform　　　　拓展案例：使用 transform 和
和 transition　　　　　　　transition 制作照片墙

任务七

添加用户交互界面——表单

07

学习目标

1. 理解表单的概念
2. 了解表单元素的类型
3. 了解表单的属性
4. 掌握表单常用元素的使用方法
5. 掌握常见的登录、注册页面的制作方法
6. 掌握用 CSS 样式改变表单外观的方法

任务描述

Peter 在前面的任务中完成了页面头部导航条的制作。一个完整的网站通常都有登录、注册这样的功能页面；在网站导航条的右侧有一个搜索框，内部默认显示搜索关键词。这些元素的添加需要学习有关表单的知识来完成。本任务要求制作广东云景旅游文化产业有限公司网站的搜索框和意见反馈页面。

本任务的具体要求如下。

- 制作首页和二级页面的搜索框。
- 制作反馈页面。
- 制作登录、注册页面。

知识引入

利用表单可以实现与用户的交互。表单在网页中主要负责数据采集功能，比如收集浏览者的信息或实现搜索等功能。单击表单中的提交按钮时，在表单中输入的信息就会被提交到服务器中，服务器的有关应用程序将对提交的信息进行处理，并将处理的结果返回到用户的客户端浏览器上。一个表单由以下 3 个基本部分组成。

- 表单标签：这里面包含了处理表单数据所用 CGI 程序的 URL 以及数据提交到服务器的方法。
- 表单域：包含了文本框、密码框、隐藏域、多行文本框、复选框、单选框、下拉选择框和文件上传框等。

- 表单按钮：包括提交按钮、复位按钮和一般按钮，用于将数据传送到服务器上的 CGI 脚本或者取消输入，还可以用表单按钮来控制其他定义了处理脚本的处理工作。

用于描述表单对象的标签可以分为表单<form>标签和表单域标签两大类。<form>用于定义一个表单区域，表单域标签用于定义表单中的各个元素。表单组成标签如表 7-1 所示。

表 7-1　表单组成标签

标签	含义
<form>	定义一个表单区域以及携带表单的相关信息
<input>	定义输入表单元素
<select>	定义列表元素
<option>	定义列表元素中的项目
<textarea>	定义表单文本域元素
<label>	定义输入元素的标签
<button>	定义各种类型的按钮

1. <form>标签

表单是网页上的一个特定区域。这个区域由一对<form>标签定义。<form>有两方面的作用，一方面，限定表单的范围，表单中各个元素都要设置在这个区域内，单击提交按钮时，提交的也是这个区域内的数据；另一方面，携带表单的相关信息，如处理表单的程序、提交表单的方法等。表单标签的基本语法代码如下所示。

表单常用标签
和属性

```
<form action="xxx.php" name="form1" method="post" entype="mutipart/form-data"
target="_blank">
    ......
</form>
```

语法说明如下。

① name：表单提交时的名称。

② action：提交到的地址。

③ method：规定用于发送 form-data 的 HTTP 方法，提交方式有两种：get 和 post。

拓展知识：HTML5
新增的表单属性

④ enctype：规定在发送表单数据之前如何对其进行编码，其值有以下几个。

- application/x-www-form-urlencoded：在发送前编码所有字符（默认）。
- text/plain：空格转换为"+"加号，但不对特殊字符编码。
- multipart/form-data：使用包含文件上传控件的表单时，必须使用该值。

⑤ target：指定提交的结果文档显示的位置，其值有以下几个。

- _blank：在新窗口/选项卡中打开。
- _self：在同一框架中打开（默认）。
- _parent：在父框架中打开。

- _top：在整个窗口中打开。

method 属性定义了表单数据从客户端传送到服务器的方法，包括 post 和 get 两种方法，默认使用 get 方法。get 提交可以在 URL 中看到提交信息，post 则是提交到后台。get 通常用于提交少量数据，一般用于获取查询信息，比如搜索；post 则相反，一般用于更新资源信息，上传数据然后得到回馈信息，如提交博客。get 提交的数据一般受浏览器的限制，大小在 1KB 以内。post 理论上大小无限制，只受服务器的性能限制。get 请求的数据会保留在浏览器历史记录中，安全性不好，所以信息提交一般使用 post。

2. <input>元素

<input>元素是最重要的表单元素。其中包括文本框、密码框、单选框、复选框、按钮等元素，其基本语法如下。

```
<input type="元素类型" name="表单元素名称">
```

根据不同的 type 属性，<input>元素有很多形态，如表 7-2 所示。

表 7-2 <input>标签 type 属性值

type 属性	描述
text	设置单行文本框元素
password	设置密码元素
file	设置文件元素
hidden	设置隐藏元素
radio	设置单选框元素
checkbox	设置复选框元素
button	设置普通按钮元素
submit	设置提交按钮元素
reset	设置重置按钮元素

例 7-1 基本注册页面示例

本例效果如图 7-1 所示。

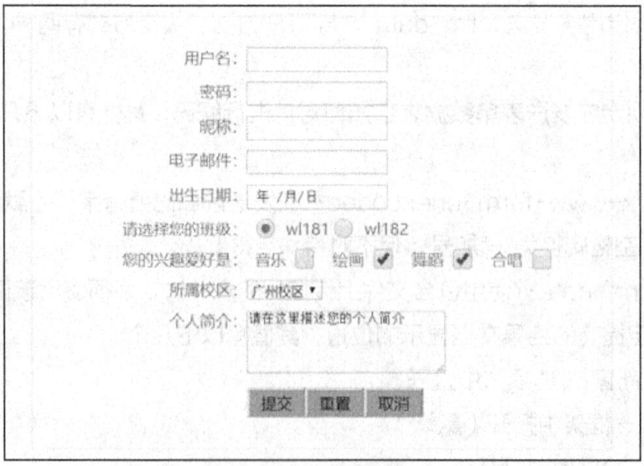

图 7-1 注册页面效果图

在此页面中，出现了\<input\>元素的各种类型，例如单行文本框、密码框、电子邮件、日期、单选按钮、复选框、下拉列表、多行文本框、普通、提交、重置按钮等。具体代码如下。

```html
<div class="regist">
        <form action="" method="post" id="user_form">
            <!-- 用户名和密码区域 -->
            <div >
                <label>用户名: </label>
                <input type="text" name="username">
            </div>
            <div >
                <label>密码: </label>
                <input type="password" name="pwd">
            </div>
            <div >
                <label>昵称: </label>
                <input type="text" name="nickname" form="user_form">
            </div>
            <!-- 电子邮件区域 -->
            <div >
                <label>电子邮件: </label>
                <input type="email" name="user_email">
            </div>
            <div >
                <label>出生日期: </label>
                <input type="date" name="user_date">
            </div>
            <!-- 单选按钮区域 -->
            <div>
                <label>请选择您的班级: </label>
                <input type="radio" value="网络 181" checked="checked"
name="class" id="wl181">
                <label class="special">wl181</label>
                <input type="radio" value="网络 182" name="class" id="
wl182">
                <label class="special">wl182</label>
            </div>
            <!-- 兴趣爱好区域 -->
            <div >
                <label>您的兴趣爱好是: </label>
                <label for="checkbox1" class="special">音乐</label>
                <input type="checkbox" name="checkbox" value="music"
id="checkbox1">
                <label for="checkbox2" class="special">绘画</label>
                <input type="checkbox" name="checkbox" checked value=
```

117

```html
"drawing" id="checkbox2">
                        <label for="checkbox3" class="special">舞蹈</label>
                        <input type="checkbox" name="checkbox" value="dancing"
id="checkbox3">
                        <label for="checkbox4" class="special">合唱</label>
                        <input type="checkbox" name="checkbox" value="singing"
id="checkbox4">
                </div>
                <!-- 所属校区 -->
                <div>
                        <label for="school">所属校区: </label>
                        <select name="school">
                                <option >----------</option>
                                <option value="nanhai" >南海校区</option>
                                <option value="guangzhou" selected="selected">广州校
区</option>
                        </select>
                </div>
                <!--个人简介区域-->
                <div>
                        <label>个人简介: </label>
                        <textarea >请在这里描述您的个人简介</textarea>
                </div>
                <div>
                        <input type="submit" id="submit" value="提交">
                        <input type="reset" id="reset" value="重置">
                        <input type="button" id="cancel" value="取消">
                </div>
        </form>
    </div>
```

对应的 CSS 代码如下。

```css
*{
    padding: 0;
    margin: 0;
}
.regist{
    width: 550px;
    padding: 20px;
    margin: 20px auto;
    border: 1px solid #e0e0e0;
}
.regist div{
    width: 550px;
```

```css
    margin: 10px 0;
    overflow: hidden;
}
.regist div label{
    width: 200px;
    height: 20px;
    line-height: 20px;
    color: #606060;
    text-align: right;
    float: left;
}
.regist div input{
    width: 140px;
    height:20px;
    float: left;
}
.regist div input[type="radio"]{
    width:40px;
    height:20px;
}
.regist div input[type="checkbox"]{
    width:40px;
    height:20px;
}
.regist div textarea {
    height: 60px;
    width: 200px;
}
.special{
    width: 40px !important;
}
.regist  input#submit,input#reset,input#cancel {
    width: 60px;
    height: 30px;
    background-color:#758cf4;
    font-size: 16px;
    line-height: 30px;
    text-align: center;
}
.regist  input#submit{
    margin-left:200px;
}
```

<input>标签 type 属性各种属性值说明如下。

（1）type="text"

文本输入框，用于单行文本输入，格式如下。

```
<label>用户名: </label>
<input type="text" name="username">
```

提示 在标签中添加 value 属性可以用来为输入框设置默认文本。

（2）type="password"

密码输入框，输入时显示星号，格式如下。

```
<label>密码: </label>
<input type="password" name="pwd">
```

提示 在标签中添加 value 属性可以用来为输入框设置默认密码。

（3）type="radio"

单选按钮，各个选项的 name 属性值要相同才能实现单选，value 属性要有具体的值，格式如下。

```
<div>
    <label>请选择您的班级: </label>
    <input type="radio" value="网络 181" checked="checked" name="class" id=
"wl181">
    <label class="special">wl181</label>
    <input type="radio" value="网络 182" name="class" id="wl182">
    <label class="special">wl182</label>
</div>
```

提示 若想默认单选其中一个，可以在标签中添加 checked 属性。

（4）type="checkbox"

多选框，添加 checked 属性会默认选中，格式如下。

```
<div >
        <label>您的兴趣爱好是: </label>
        <label for="checkbox1" class="special">音乐</label>
        <input type="checkbox" name="checkbox" value="music" id="checkbox1">
        <label for="checkbox2" class="special">绘画</label>
        <input type="checkbox" name="checkbox" checked value="drawing" id=
"checkbox2">
        <label for="checkbox3" class="special">舞蹈</label>
        <input type="checkbox" name="checkbox" value="dancing" id="checkbox3">
```

```
              <label for="checkbox4" class="special">合唱</label>
              <input type="checkbox" name="checkbox" value="singing" id="checkbox4">
    </div>
```

提示 多选框中一般必须填写每一个选项的 name 属性。可以把 name 属性设置为同一个名字，然后分别设置不同的 id。

（5）type="submit"

提交按钮，用于提交表单中的信息，格式如下。

```
<input type="submit" id="submit" value="提交">
```

提示 form 表单有另一种设置提交按钮的方式，即在 form 中使用 button 标签。这个按钮放在 form 中也会点击自动提交，提交的内容不光可以有文字，还可以有图片等多媒体内容。缺点是不同的浏览器得到的 value 值不一样，可能还会有其他的兼容问题。

（6）type="reset"

重置按钮，用于清空表单中的数据，格式如下。

```
<input type="reset" id="reset" value="重置">
```

提示 重置按钮上的文字默认为"重置"，若想改变文字可以通过 value 修改。

（7）type="button"

普通按钮，格式如下：

```
<input type="button" id="cancel" value="取消">
```

提示 可以通过 value 属性给按钮设置标题，通常配合 JS 使用。

（8）type="hidden"

隐藏域，用户看不到，用于暂存数据，或者进行安全性校验，格式如下。

```
<input name="cookie" type="hidden" value="a23201812301123" />
```

提示 隐藏域在页面中对于用户是不可见的。在表单中插入隐藏域的目的在于收集或发送信息，以利于处理表单的程序所使用。浏览者单击发送按钮发送表单的时候，隐藏域的信息也会被一起发送到服务器。

（9）<textarea>标签

文本域，用于输入多行文本，格式如下：

```
<label>个人简介: </label>
<textarea >请在这里描述您的个人简介</textarea>
```

提示　默认情况下输入框可以无限换行。输入框有自己的宽度和高度，可以给< textarea>标签添加 cols 和 rows 属性来定义宽度和高度，例如< textarea cols="2" rows="3">。

（10）<select>标签

用于定义下拉列表，如下格式。

```
<select name="school">
    <option >----------</option>
    <option value="nanhai" >南海校区</option>
    <option value="guangzhou" selected="selected">广州校区</option>
</select>
```

提示　下拉列表不能输入，但是可以选择，也可以用 selected 设置默认选项。

（11）<label>标签

用于聚焦，<label>标签为 input 元素定义标注（标记）。在 label 元素内点击文本，就会触发此控件。就是说，当用户选择 label 元素内包裹的文本时，浏览器就会自动将焦点转到和该文本相关的表单控件（输入框等）上。格式如下。

```
<div>
        <label for="school">所属校区: </label>
            <select name="school">
                <option >----------</option>
                <option value="nanhai" >南海校区</option>
                <option value="guangyhou" selected="selected">广州校区</option>
            </select>
</div>
```

提示　将文本用<label>标签包裹起来，给文本相关的表单控件（如输入框等）设置一个 id 名，最后在<label>标签中设置 for 属性的值为 id。

综上所述，<input>的常用属性如表 7-3 所示。

表 7-3　表单元素<input>常用属性

标签	取值	作用
name	--	定义 input 元素的名称
type	text/password radio/checkbox/file/ hidden/submit/reset/button	规定 input 元素的类型
checked	checked	加 checked 属性会默认选中
placeholder	--	用于在输入框中显示提示信息。输入文字时消失，不会被提交
maxlength	number	规定输入字段中的字符的最大长度
value	--	规定 input 元素的值
disabled	disabled	当 input 元素加载时禁用此元素，也就是禁止输入
autofocus	autofocus	规定输入字段在页面加载时是否获得焦点（不适用于 type= "hidden"）

3. HTML5 新增的<input>类型

HTML 4.01 中，<input>的类型只有 text、button、password、submit、radio、checkbox 和 hidden（隐藏域）。H5 中新增了一些类型，使用起来更加方便，包括：color、date、datetime、datetime-local、email、month、number、range、search、tel、time、url、week 等。

（1）color 类型

color 类型主要用于选取颜色，格式如下。

```
<input type="color" name="favcolor">
```

设置单击时弹出颜色选择器，可以选择任意颜色，如图 7-2 所示。

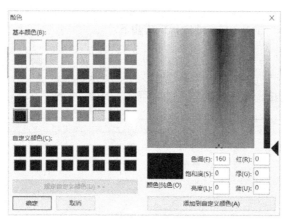

图 7-2　选取颜色

（2）date 类型

date 类型用于从一个日期选择器中选择一个日期，格式如下。

```
<label>出生日期: </label>
<input type="date" name="user_date">
```

选择一个出生日期，如图 7-3 所示。

图 7-3　选取出生日期

（3）datetime 类型

datetime 类型用于选择一个日期（UTC 时间），格式如下。

```
<input type="datetime" name="bdaytime">
```

从一个日期和时间控制器（本地时间）中选择一个日期。

（4）datetime-local 类型

选择一个日期和时间（无时区），格式如下。

```
<input type="datetime-local" name="bdaytime">
```

从一个日期和时间控制器（本地时间）中选择一个日期和时间（无时区）。

（5）email 类型

email 类型用于输入一个 E-mail 地址，格式如下。

```
<label>电子邮件: </label>
<input type="email" name="user_email">
```

在提交表单时，会自动验证 email 域的值是否合法有效，如图 7-4 所示。

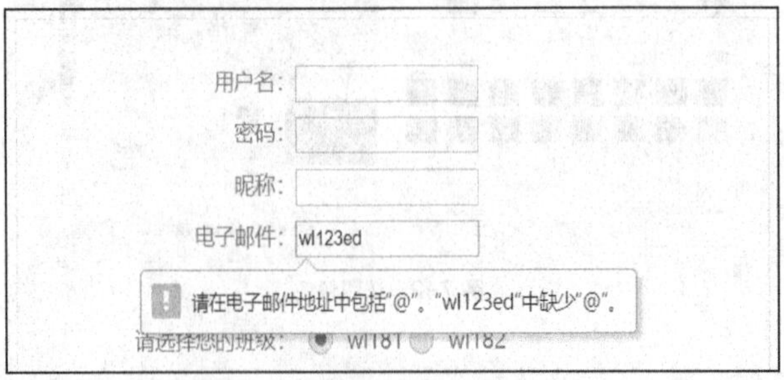

图 7-4　电子邮件输入错误提示

（6）month 类型

month 类型用于选择月份与年份（无时区），如图 7-5 所示，格式如下。

```
<input type="month" name="birthdaymonth">
```

图 7-5　选择年和月

（7）number 类型

number 类型用于包含数值的输入域，设定一个数值输入区域，格式如下。

```
<input type="number" name="quantity" min="1" max="5">
```

<input>使用表 7-4 所示的属性来规定对数字类型的限定。

表 7-4　number 类型常用属性

属性	描述
disabled	规定输入字段是禁用的
max	规定允许的最大值
maxlength	规定输入字段的最大字符长度
min	规定允许的最小值
pattern	规定用于验证输入字段的模式
readonly	规定输入字段的值无法修改
required	规定输入字段的值是必需的
size	规定输入字段中的可见字符数
step	规定输入字段的合法数字间隔
value	规定输入字段的默认值

（8）range 类型

range 类型用于包含一定范围内数字值的输入域，显示为滑动条，格式如下。

```
<input type="range" name="points" min="1" max="10">
```

<input>使用下面的属性来规定对数字类型的限定。

- max：规定允许的最大值。
- min：规定允许的最小值。
- step：规定合法的数字间隔。

- value：规定默认值。

（9）search 类型

search 类型用于搜索域，比如站点搜索或 Google 搜索，格式如下。

```
<input type="search" name="googlesearch">
```

（10）tel 类型

tel 类型用于定义输入电话号码字段，格式如下。

```
<input type="tel" name="usrtel">
```

（11）time 类型

time 类型用于输入时间控制器（无时区），格式如下。

```
<input type="time" name="usr_time">
```

（12）url 类型

url 类型用于应该包含 URL 地址的输入域，格式如下。

```
<input type="url" name="homepage">
```

在提交表单时，会自动验证 URL 域的值，如图 7-6 所示，网址应该包含"http://"。

图 7-6　url 网址错误提示

（13）week 类型

week 类型用于选择周和年（无时区），如图 7-7 所示，格式如下。

```
<input type="week" name="week_year">
```

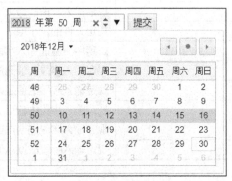

图 7-7　选取年份和周

📝 任务实现：制作旅游公司网站首页搜索框、意见反馈表

1. 制作搜索框

在首页中，导航条右侧有一个搜索框，搜索框的边框应用了圆角效果，右侧有一个搜索按钮，

如图 7-8 所示。

图 7-8　首页头部搜索框默认效果图

该搜索框位于页面头部的右侧，边框显示圆角边框效果。要实现以上功能，首先用 HTML 的 <form>、<input>等表单标签创建搜索框的结构，代码如下。

```
                    <div class="search">
                        <form>
                            <input type="text">
                            <button type="submit"></button>
                        </form>
                    </div>
```

CSS 代码位于 header.css 文件当中，完整的 CSS 代码如下所示。

```
header{
    width: 1160px;
    margin: 10px auto;
}
.logo{
    float: left;
}
nav{
    float: left;
    height: 61px;
    line-height: 61px;
    margin-left: 25px;
}
nav li{
    list-style-type: none;
    float: left;
    margin-right: 30px;
}
nav li a{
    text-decoration: none;
    color: #337ab7;
}
.search form {
    float: right;
    height: 61px;
    line-height: 61px;
    position: relative;
}
.search input {
```

```
    width: 150px;
    height: 25px;
    padding-left: 15px;
    border-radius: 42px;
    border: 1px solid #C0C0C0;
}
.search input:focus {
  outline: none;
}
.search button {
    width: 25px;
    height: 25px;
    cursor: pointer;
    border: 1px solid #C0C0C0;
    outline: none;
}
.search button:before{
    content: "\f002";
    font-family: FontAwesome;
    color: #337ab7;
}
```

输入框通过 border-radius 属性设置圆角边框效果，项目所示输入框 4 个角的圆角半径都设置为 42 像素。输入框右侧有一个搜索图标，这里引入的是 Font Awesome 矢量图标，具体内容请参见任务六中 Font Awesome 字体图标部分的详细介绍。此时输入框的外观效果如图 7-9 所示。

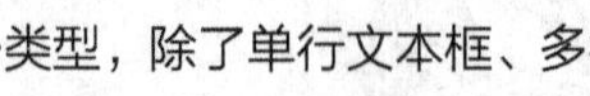

图 7-9　首页头部搜索框效果图

至此，页面公共部分的搜索区域就创建好了。

2. 制作意见反馈表

单击首页导航条"意见反馈"超链接之后进入二级页面"意见反馈表"。此反馈表应用了前面所介绍的大部分表单元素中的<input>类型，除了单行文本框、多行文本框、下拉列表，还有 HTML5 引入的 color、email、date、tel、url、number，如图 7-10 所示。

首先创建 HTML 结构代码，这里有 3 个<fieldset>部分，对应调查问卷的 3 个部分。

```
        <form id="feedback" method="post">
        <fieldset>
                <legend>调查问卷第一部分</legend>
                <div>
                        ......
                </div>
        </fieldset>
        <fieldset>
```

```
                <legend>调查问卷第二部分</legend>
                <div>
                      ......
                </div>
        </fieldset>
        <fieldset>
                <legend>调查问卷第三部分</legend>
                <div>
                      ......
                </div>
        </fieldset>
        <input type="submit" id="submit" value="提交">
    </form>
```

图 7-10　意见反馈效果图

　　<form>表单中有 3 个<fieldset>，<fieldset>标签可以将表单内的相关元素分组。<legend>元素为<fieldset>元素定义标题（caption）。<fieldset>和<legend>相应的 CSS 代码如下。

```
#feedback legend {
        color: #999;
        font-size: 16px;
```

```
        margin-bottom: 20px;                /*设置下边距*/
        float: left;
        width: 100%;
        border-bottom: 1px solid #999;      /* 添加下边框*/
        padding-bottom: 15px;               /*下边框距离文字边缘 15 像素*/
}
#feedback fieldset {
        border: 1px dotted #ccc;
        padding: 10px 30px;
        margin-bottom: 20px;
        background: -moz-linear-gradient(top, #ffffff 77%, #f2f2f2 100%);
        background: -webkit-gradient(linear, left top, left bottom, color-stop
(77%,#ffffff), color-stop(100%,#f2f2f2));
        background: -webkit-linear-gradient(top, #ffffff 77%,#f2f2f2 100%);
        background: -o-linear-gradient(top, #ffffff 77%,#f2f2f2 100%);
        background: -ms-linear-gradient(top, #ffffff 77%,#f2f2f2 100%);
        background: linear-gradient(top, #ffffff 77%,#f2f2f2 100%);
        border-radius: 4px;
        box-shadow: 2px 2px 5px hsla(0, 0%, 16.6667%, 0.3);
}
```

<legend>部分相当于调查问卷的标题，CSS 中的内容基本围绕常规的字体、位置、边框等进行设置，请参见注释代码。

<fieldset>添加了圆角边框、边框四周的阴影（参见任务六），针对不同的浏览器添加了背景的线性渐变，方向从上到下、颜色从白色(#fff)到灰色（#f2f2f2）产生背景线性渐变，渐变的位置从容器的 77%开始到 100%，也就是容器的底端。

调查问卷的第一部分由单行文本框收集景区名称，number 数字区域收集旅游时间，范围从 2018 到 2020，原因由下拉菜单显示，可供选择，填写意见的区域为多行文本框，对景区的评分由 range 构成，范围从 1 到 10，并且关联 JS 代码用红色字体显示在第一部分。

```
<fieldset>
                <legend>调查问卷第一部分</legend>
                <div>
                        <label for="favorite">您认为哪个景区是最好玩儿的？</label>
                        <input id="favorite" name="favorite" type="text" placeholder=
"华阳湖景区" required aria-required="true">
                </div>
                <div>
                        <label for="yearOfTravel">您的旅游时间为？</label>
                        <input id="yearOfTravel" name="yearOfTravel" type="number"
min="2018" max="2020" required aria-required="true">
                </div>
                <div>
```

```
                    <label for="awardWon">您认为它好玩儿的原因是？</label>
                    <input id="awardWon" name="awardWon" type="text" list=
"awards">
                    <datalist id="awards">
                        <select>
                            <option value="风景美"></option>
                            <option value="服务好"></option>
                            <option value="适合拍照"></option>
                            <option value="老少皆宜"></option>
                        </select>
                    </datalist>
                </div>
                <div>
                    <label for="whyItsWrong">您认为该景区还需要改进的地方是？
</label>
                    <textarea id="hyItsWrong" name="whyItsWrong" placeholder=
"饭菜不符合口味..." required aria-required="true" ></textarea>
                </div>
                <div>
                    <label for="howYouRateIt">您给它的评分是（10 分为满分）
</label>
                    <input id="howYouRateIt" name="howYouRateIt" type= "range
"min="1"   max="10"   value="5"   onchange="showValue(this.value)"><span   id="
range">5</span>

                </div>
                <script>
                    function showValue(newValue)
                    {
                        document.getElementById("range").innerHTML =newValue;
                    }
                </script>
            </fieldset>
```

调查问卷的第二部分由单行文本框、多行文本框、评分 number（取值范围从 1 到 10）构成。展开调查问卷的第二部分，HTML 结构代码如下所示。

```
            <fieldset>
                <legend>调查问卷第二部分</legend>
                <div>
                    <label for="dislikes">您认为不满意的景区是？</label>
                    <input id="dislikes" name="dislikes" type="text" required
aria-required="true">
                </div>
                <div>
```

```
                    <label for="whyItShould">该景区的哪些地方您感觉不满意？</label>
                    <textarea id="whyItShould" name="whyItShould" placeholder=
"Hello? CAABBLLLLE GUUUY!!!!!" required aria-required="true" ></textarea>
            </div>
            <div>
                    <label for="howYouRateThis">您给它的评分是（10分为满分）</label>
                    <input id="howYouRateThis" name="howYouRateThis" type="
number" min="1" max="10" value="8" required aria-required="true">
            </div>
        </fieldset>
```

　　调查问卷的第三部分是应用 HTML5 新增的<input>类型最多的区域，有喜欢的颜色、出生年月、电子邮箱、个人网站 URL。具体代码含义请参考本任务的知识引入部分。

```
        <fieldset>
            <legend>调查问卷第三部分</legend>
            <div>
                    <label for="name">您的姓名</label>
                    <input id="name" name="name" required aria-required="true" >
            </div>
            <div>
                    <label for="color">您最喜欢的颜色</label>
                    <input id="color" name="color" type="color">
            </div>
            <div>
                    <label for="date">出生年月日</label>
                    <input id="Employee_hireDate" class="pickDate" type="date"
name="Employee[hireDate]" />
            </div>
            <div>
                    <label for="tel">电话号码</label>
                    <input id="tel" name="tel" type="tel" autocomplete="off"
required aria-required="true" >
            </div>
            <div>
                    <label for="email">电子邮箱地址</label>
                    <input id="email" name="email" type="email" placeholder=
"dwight.schultz@gmail.com" required aria-required="true">
            </div>
            <div>
                    <label for="web">个人网站网址</label>
                    <input id="web" name="web" type="url" placeholder=" www.
mysite.com">
            </div>
        </fieldset>
```

　　至此，意见反馈表就制作完成了。

📝 任务拓展：实现搜索框长度变化

本拓展任务实现当鼠标单击搜索框时，搜索框的长度发生变化，从原来的 150 像素增加至 300 像素，如图 7-11 所示。关键代码如下所示。

图 7-11　首页头部搜索框单击效果图

```
.search input:focus {
    width: 300px;
    outline: none;
}
```

CSS 的 transition 允许 CSS 的属性值在一定的时间区间内平滑地过渡。这种效果可以在鼠标单击、获得焦点、被点击或对元素任何改变中触发，并圆滑地以动画效果改变 CSS 的属性值。transition 主要包含 4 个属性值：执行变换的属性 transition-property、变换延续的时间 transition-duration、在延续时间段内的速率变化 transition-timing-function 以及变换延迟时间 transition-delay。输入框设置 transition:.3s linear 表示在 0.3 秒内线性平滑地过渡，增强用户体验。关键代码如下所示。

```
.search input {
    width: 150px;
    height: 25px;
    padding-left: 15px;
    border-radius: 42px;
    border: 1px solid #C0C0C0;
    transition: .3s linear;
}
```

接下来，我们实现搜索按钮移动到搜索框内部的右侧显示，效果如图 7-12 所示。

图 7-12　首页头部搜索框添加 CSS 后效果图

可以通过 CSS3 的:before 或:after 伪类结合 CSS3 的 content 属性引入图标字体编码。content 属性的值为要插入的图标字体的编号。将按钮默认的 border、outline、background 全部设置为 none，则按钮变为透明状态，再将按钮位置进行绝对定位，right 方向偏移 0 像素，top 方向偏移 17 像素，就可以实现将按钮移动到搜索框的右边。关键代码如下所示。

```
.search button {
    width: 30px;
    height: 30px;
    background: none;
```

```
    border: none;
    position: absolute;
    right: 0px;
    top: 15px;
    outline: none;
}
.search button:before{
    content: "\f002";
    font-family: FontAwesome;
    color: #337ab7;
}
```

任务小结

　　表单在网页中主要负责数据采集、通过脚本程序可以对表单中采集的数据进行响应。本任务介绍了表单的 3 个基本组成部分：表单标签、表单元素、按钮。表单元素包括文本框、密码框、隐藏域、多行文本框、复选框、单选框、下拉列表框等。并且介绍了 HTML5 新增的各种<input>类型和基本用法。

课后练习

　　利用本任务所学的表单知识制作登录页面，如图 7-13 所示。

图 7-13　登录页面效果图

任务八
使用Flex实现网页响应式布局

学习目标

① 了解响应式网页的基本概念
② 掌握响应式布局的基础知识
③ 掌握 Flex 布局的语法规则
④ 掌握运用 Flex 布局实现响应式网页的方法

任务描述

随着移动设备的兴起，一个网站能够兼容多个显示终端的响应式网页成为主流。公司要求 Peter 将首页重构成 PC、平板和手机端全部兼容的网页。本任务的要求是使用 Flex 将云景旅游公司首页重构为响应式页面。

知识引入

响应式网页指的是可以在多种浏览设备（PC、平板和手机）上阅读的网页，根据不同的设备，对应地减少缩放、平移和滚动操作。简而言之，就是网页的布局随着屏幕的大小与分辨率的不同而改变。目前，企业开发响应式页面的常用方式有两种：Flex 布局和 Bootstrap 框架。本章重点介绍 Flex 布局，Bootstrap 框架将在任务九介绍。

Flex 布局简介

1. 响应式布局基础知识

无论使用 Flex 布局还是 Bootstrap 框架实现响应式网页，都必须首先掌握响应式布局的基础知识。响应式布局基础知识主要包括：viewport 设置、百分比宽度布局、相对大小字体、弹性图片、媒体查询。下面逐一进行介绍。

（1）viewport 设置

首先，在网页代码的头部加入下面一行代码。

```
<meta name="viewport" content="width=device-width",initial-scale="1"/>
```

上面这行代码的意思是，网页宽度默认等于屏幕宽度（width=device-width），原始缩放比例（initial-scale=1），即网页初始大小占屏幕面积的 100%。

（2）百分比宽度布局

由于网页会根据屏幕宽度调整布局，所以不能使用绝对宽度的布局，只能使用百分比宽度。例如：width:x%或 width:auto。

（3）相对大小字体

使用 em 或者 rem 为单位设置网页字体大小。

① 相对长度单位 em。em（font size of the element）是指相对于父元素的字体大小的单位。

例 8-1 em 的计算方式

```
<style>
    body{
        font-size: 20px;
    }
    .one{
        font-size: 1.5em;
    }
    .two{
        font-size: 0.5em;
    }
    .three{
        font-size: 2em;
    }
</style>
<body>
    <div class="one">
        <span>第 1 层</span>
        <div class="two">
            <span>第 2 层</span>
            <div class="three">
                <span>第 3 层</span>
            </div>
        </div>
    </div>
</body>
```

上面的代码中，em 会继承父级元素的字体大小。对于大多数浏览器而言，如果没有设置 body 字体大小，则默认为 16 像素。本案例中规定了 body 的字体大小为 20 像素，所以对于 class 名称为"one"的 div 而言，1em=20px，那么 1.5em=30px。所以"one"的 font-size 为 30 像素。

对于 class 名称为"two"的 div 而言，它的父亲是"one"，因为 em 会继承父级的元素的字体大小，所以 1em=30px，那么 0.5em=15px，所以"two"的 font-size 为 15 像素。

对于 class 名称为"three"的 div 而言，它的父亲是"two"，因为 em 会继承父级的元素的字体大小，所以 1em=15px，那么 2em=30px，所以"three"的 font-size 为 30 像素。

② 相对长度单位 rem。rem（font size of the root element）是指相对于根元素的字体大小

的单位。

例 8-2　rem 的计算方式

```
<style>
    html{
        font-size: 20px;
    }
    .one{
        font-size: 1.5rem;
    }
    .two{
        font-size: 0.5rem;
    }
    .three{
        font-size: 2rem;
    }
</style>
<body>
    <div class="one">
        <span>第 1 层</span>
        <div class="two">
            <span>第 2 层</span>
            <div class="three">
                <span>第 3 层</span>
            </div>
        </div>
    </div>
</body>
```

上面的代码中，rem 的值始终相对于根元素 html 中设置的 font-size 大小。本案例中规定了 html 字体大小为 20 像素，那么 1rem=20px。所以对于 class 名称为"one"的 div 而言，1.5rem=1.5×20=30px。class 名称为"two"和"three"的两个 div 中的文字大小分别为 10 像素和 40 像素。

> **提示**　"em"是相对于其父元素来设置字体大小的，这样就会存在一个问题：设置任何元素的字体大小，都需要知道它的父元素的大小，当标签嵌套关系复杂时，容易造成计算错误。而 rem 的计算方式则简单很多，通过它可以做到只修改根元素就能成比例地调整所有字体大小。

（4）弹性图片

所谓弹性图片，是指当屏幕大小发生变化的时候，图片能够根据屏幕尺寸的变化等比例缩放，代码如下。

```
img { max-width: 100%;}
```

（5）媒体查询

媒体查询是实现响应式网页的关键因素。它的核心思想是：根据设备显示器的变化应用不同的CSS样式。

例8-3　媒体查询

```html
<!DOCTYPE html>
<html>
<head>
<meta name="viewport" content="width=device-width, initial-scale=1.0"/>
<style>
    body {
        background-color:lightgreen;
    }
    @media only screen and (max-width: 500px) {          //媒体查询
        body {
            background-color:lightblue;
        }
    }
</style>
</head>
<body>
    <p>重置浏览器大小，当文档的宽度小于 500 像素，背景会变为浅蓝色，否则为浅绿色。</p>
</body>
</html>
```

上面代码中，网页默认的背景颜色为浅绿色，如图 8-1（1）所示。当媒体查询括号里面的条件语句为真时，也就是当屏幕宽度小于等于 500 像素时，执行大括号里面的语句，设置网页的背景颜色为浅蓝色，效果如图 8-1（2）所示。

扫码看彩图

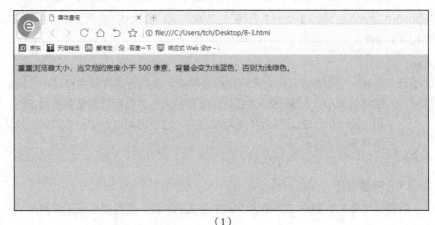

（1）

图 8-1　媒体查询

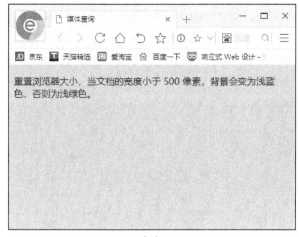

（2）

图 8-1　媒体查询（续）

2. Flex 布局

传统的布局方法，基于盒状模型，依赖 display 属性、position 属性以及 float 属性，因此要实现特殊布局就非常不方便。比如，垂直居中就不容易实现。Flex 布局则可以简便、完整、响应式地实现各种页面布局。

（1）Flex 布局的定义

Flex 是 FlexibleBox 的缩写，意为"弹性布局"。任何一个容器都可以指定为 Flex 布局，示例代码如下。

```
.box{
    display: flex;
}
```

行内元素也可以使用 Flex 布局，示例代码如下。

```
.box{
    display: inline-flex;
}
```

Webkit 内核的浏览器，必须加上-webkit 前缀，示例代码如下。

```
.box{
    display: -webkit-flex;          /* Safari */
    display: flex;
}
```

> **提示**　设为 Flex 布局以后，float、clear 和 vertical-align 属性将失效。

（2）Flex 布局的基本概念

采用 Flex 布局的元素，简称"容器"。它的所有子元素自动成为容器成员，简称"项目"。

容器默认存在两根轴：水平的主轴（main axis）和垂直的交叉轴（cross axis）。主轴的开始位置（与边框的交叉点）为 main start，结束位置为 main end；交叉轴的开始位置为 cross start，结束位置为 cross end。项目默认沿主轴排列。单个项目占据的主轴空间为 main size，占据的交叉轴空间为 cross size。如图 8-2 所示。

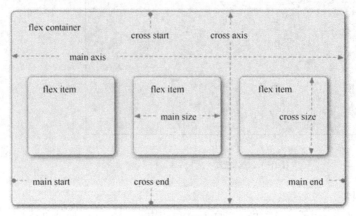

图 8-2　Flex 布局基本概念

容器的属性

（3）容器的属性

Flex 布局的语法一共包含 12 个属性，其中 6 个设置在容器上，6 个设置在项目上。下面我们先来介绍设置在容器上的属性：flex-direction 属性、flex-wrap 属性、flex-flow 属性、justify-content 属性、align-items 属性、align-content 属性。

① flex-direction 属性。flex-direction 属性决定主轴的方向（即项目的排列方向），语法如下。

```
flex-direction: row | row-reverse | column | column-reverse;
```

- row：横向从左到右排列（左对齐），默认的排列方式。
- row-reverse：反转横向排列（右对齐，从后往前排，最后一项排在最前面）。
- column：纵向排列。
- row-reverse：反转纵向排列，从后往前排，最后一项排在最上面。

各属性值的显示效果如图 8-3 所示。

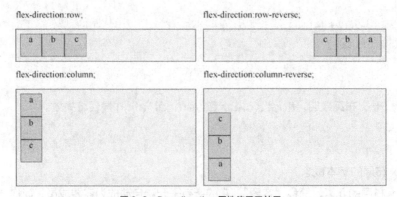

图 8-3　flex-direction 属性值显示效果

② flex-wrap 属性。默认情况下，项目都排在一条线（又称"轴线"）上。flex-wrap 属性定义了一条轴线排不下时换行的方式，语法如下。

```
flex-wrap: nowrap | wrap | wrap-reverse;
```

- nowrap：当子元素溢出父容器时不换行。
- wrap：当子元素溢出父容器时自动换行。
- wrap-reverse：反转 wrap 排列。

各属性值的显示效果如图 8-4 所示。

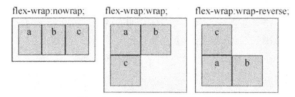

图 8-4　flex-wrap 属性值显示效果

③ flex-flow 属性。flex-flow 属性是 flex-direction 属性和 flex-wrap 属性的简写形式，默认值为 row nowrap，语法如下。

```
flex-flow: <flex-direction> || <flex-wrap>;
```

④ justify-content 属性。justify-content 属性定义了项目在主轴上的对齐方式，语法如下。

```
justify-content: flex-start | flex-end | center | space-between | space-around
```

- flex-start（默认值）：左对齐。
- flex-end：右对齐。
- center：居中对齐。
- space-between：两端对齐，项目之间的间隔都相等。
- space-around：每个项目两侧的间隔相等。所以，项目之间的间隔比项目与边框的间隔大一倍。

各属性值的显示效果如图 8-5 所示。

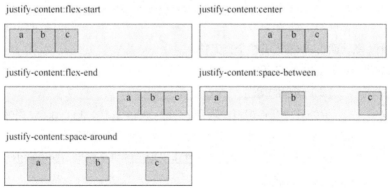

图 8-5　justify-content 属性值显示效果

⑤ align-items 属性。align-items 属性定义项目在交叉轴上如何对齐，语法如下。

```
align-items: flex-start | flex-end | center | baseline | stretch;
```

- flex-start：交叉轴的起点对齐。
- center：交叉轴的中点对齐。
- flex-end：交叉轴的终点对齐。
- baseline：项目的第一行文字的基线对齐。
- stretch（默认值）：如果项目未设置高度或设为 auto，将占满整个容器的高度。

各属性值的显示效果如图 8-6 所示。

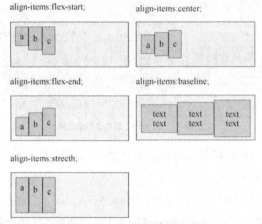

图 8-6　align-items 属性值显示效果

⑥ align-content 属性。align-content 属性定义了多根轴线的对齐方式。如果项目只有一根轴线，该属性不起作用，语法如下。

```
align-content: flex-start | flex-end | center | space-between | space-around | stretch;
```

- flex-start：与交叉轴的起点对齐。
- flex-end：与交叉轴的终点对齐。
- center：与交叉轴的中点对齐。
- space-between：与交叉轴两端对齐，轴线之间的间隔平均分布。
- space-around：每根轴线两侧的间隔都相等。所以，轴线之间的间隔比轴线与边框的间隔大一倍。
- stretch（默认值）：轴线占满整个交叉轴。

各属性值的显示效果如图 8-7 所示。

项目的属性

（4）项目的属性

另外 6 个属性设置在项目上，即 order 属性、flex-grow 属性、flex-shrink 属性、flex-basis 属性、flex 属性、align-self 属性。

① order 属性。order 属性定义项目的排列顺序。数值越小，排列越靠前，默认为 0，语法如下。

```
order: <integer>;
```

例如，图 8-8（1）所示的所有的项目 order 属性值均为默认值 0；将图 8-8（2）中内容为字母 "c" 的项目 order 属性值设为 "-1"，则它的位置会移动到所有 order 属性值为 0 的项目之前。

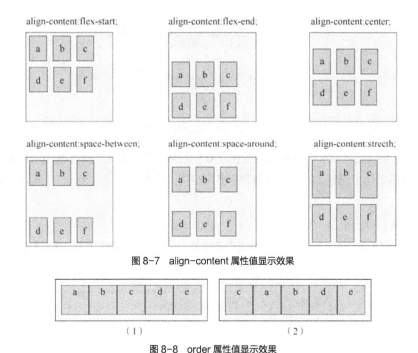

图 8-7　align-content 属性值显示效果

图 8-8　order 属性值显示效果

② flex-grow 属性。flex-grow 属性定义项目的放大比例，默认为 0，即如果存在剩余空间，也不放大，语法如下。

```
flex-grow: <number>;
```

例如，图 8-9（1）中所有项目的 flex-gorw 属性值均为 0，这种情况下即使容器有剩余空间，项目也不放大。图 8-9（2）中，将内容为字母"b"的项目和内容为字母"c"的项目的 flex-gorw 属性值分别设置为"1"和"2"，这就意味着当容器有剩余空间时，它们将以扩展的方式占据剩余空间，扩展的比例是 1:2。也就是说，将剩余空间分成三等份，内容为字母"b"的项目占据一份，内容为字母"c"的项目占据两份。

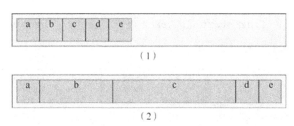

图 8-9　flex-grow 属性值显示效果

③ flex-shrink 属性。flex-shrink 属性定义了项目的缩小比例，默认为 1，即如果空间不足，该项目将缩小，语法如下。

```
flex-shrink: <number>;
```

例如，图 8-10（1）所示是容器缩小之前的状态。图 8-10（2）中，内容为字母"c"的项目的 flex-shrink 属性值设置为"3"，其余两个项目的 flex-shrink 属性值仍然为默认值"1"，当容器缩小后，3 个项目缩小的比例是 1：1：3。

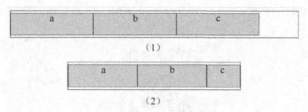

图 8-10　flex-shrink 属性值显示效果

④ flex-basis 属性。flex-basis 属性定义了在分配多余空间之前，项目占据的主轴空间（main size）。浏览器根据这个属性，计算主轴是否有多余空间。它的默认值为 auto，即项目的原始大小，语法如下。

```
flex-basis: <length> | auto;
```

例如，图 8-11 中，对内容为 "c" 的项目设置 flex-basis 的属性值为 300 像素，相当于设置它的宽度为 300 像素。

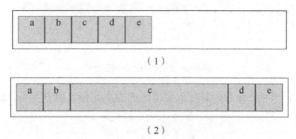

图 8-11　flex-basis 属性值显示效果

⑤ flex 属性。flex 属性是 flex-grow、flex-shrink 和 flex-basis 的简写，默认值为 0 1 auto。该属性有两个快捷值：auto(1 1 auto)和 none (0 0 auto)。

⑥ align-self 属性。align-self 属性允许单个项目有与其他项目不一样的对齐方式，可覆盖 align-items 属性。默认值为 auto，表示继承父元素的 align-items 属性，如果没有父元素，则等同于 stretch，语法如下。

```
align-self: auto | flex-start | flex-end | center | baseline | stretch;
```

各属性值的显示效果如图 8-12 所示。

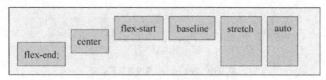

图 8-12　align-self 属性值显示效果

使用 Flex 布局重构
旅游公司首页

任务实现：使用 Flex 布局重构旅游公司首页

扫描左方二维码，观看该页面响应式效果，具体实现步骤如下。

1. 实现图片为响应式

首先，在全局样式中添加实现图片为响应式的代码，如下所示。

操作视频: 使用 Flex
布局重构旅游公司
首页

```
img{
    max-width: 100%;
}
```

2. 设置怪异盒模型计算容器宽度

响应式布局需要设置盒子宽度为单位为百分比。本书任务三中，提到过盒子模型尺寸计算公式有两种：标准盒模型和怪异盒模型。默认采用标准盒模型进行计算，即盒子宽度=widh+padding+border。这就意味着 width、padding 和 border 也必须是百分比宽度。但 border 宽度只能设置成一个固定的数值，因为如果使用百分比设置边框的宽度，那么当页面的宽度发生变化时，边框的宽度也会随之发生变化，这样是不合理的。而怪异盒模型的计算方式为将盒子的 padding、border 都包含在盒子的 width 中，恰好解决了这个问题。

因此，在全局样式中，设置网页所有元素按照怪异盒模型计算宽度。

```
*{
    box-sizing: border-box;
}
```

3. 弹性文字

网页中所有字体的大小均使用 rem 为单位，示例如下。

```
body{
    font-size: 0.875rem;
}
```

上面的代码设置了网页正文的文字大小为 0.875rem，相当于 14 像素。

4. 媒体查询

媒体查询的原理是根据断点应用不同的样式。断点就是网页样式发生变化的设备宽度值。

断点的选择可参考 Bootstrap 框架，具体如下。

- 超小屏幕（手机，大于等于 576 像素），媒体查询语法格式如下。

```
@media (min-width: 576px) { …… }
```

- 小屏幕（平板，大于等于 768 像素），媒体查询语法格式如下。

```
@media (min-width: 768px) { …… }
```

- 中等屏幕（桌面显示器，大于等于 992 像素），媒体查询语法格式如下。

```
@media (min-width: 992px) { …… }
```

- 大屏幕（大桌面显示器，大于等于 1200 像素），媒体查询语法格式如下。

```
@media (min-width: 1200px) { …… }
```

广东云景旅游公司网站响应式代码有两个断点：768 像素和 992 像素。媒体查询语句如下。

```
@media (min-width: 768px) { …… }
@media (min-width: 992px) { …… }
```

5. 实现首页头部响应式效果

手机端页面最终的显示效果是：Logo、导航、导航项、搜索表单全部居中。

例 8-4 云景旅游手机端页面头部 Flex 代码

```
1   .logo{
2       display: flex;
3       justify-content: center;
4   }
5   nav ul li{
6       display: flex;
7       justify-content: center;
8   }
9   .navbar form {
10      display: flex;
11  }
12  .navbar input {
13      flex-grow: 1;
14  }
```

上面代码中，第 2 行和第 3 行代码设置 Logo 水平居中。第 6 行和第 7 行代码设置每个导航项水平居中。第 10 行代码设置表单中的搜索框和搜索按钮并排显示。第 13 行代码设置搜索框弹性拉伸。页面效果如图 8-13 所示。

图 8-13　手机端页面头部效果

平板端页面最终的显示效果是：导航项并排排列，其余项目的显示效果同手机端一致。

例 8-5 云景旅游平板端页面头部 Flex 代码

```
1   @media(min-width:768px){
2   nav ul{
3       display: flex;
4   }
5   nav{
6       display: flex;
7       justify-content: center;
8   }
9   }
```

上面代码中，第 3 行代码设置导航项水平排列。第 6 行和第 7 行代码设置导航整体水平居中。页面效果如图 8-14 所示。

图 8-14　平板端页面头部效果

桌面端页面最终的显示效果是：Logo、导航、搜索表单全部在同一行排列。

例 8-6　云景旅游桌面端页面头部 Flex 代码

```
1   @media(min-width:992px){
2   header{
3     display: flex;
4   }
5   .navbar{
6     display: flex;
7     flex: 1;
8     justify-content: space-between;
9   }
10  .navbar input{
11    flex-grow: 0;
12  }
13  }
```

上面代码中，第 3 行代码设置 header 中的内容（包括 Logo、导航、搜索框）水平排列。第 6 行和第 7 行代码设置导航和搜索框占据 header 中除了 Logo 之外的所有剩余空间。第 8 行代码设置导航条和搜索框两端对齐。第 11 行代码设置搜索框宽度不拉伸。页面效果如图 8-15 所示。

图 8-15　桌面端页面头部效果

6. 主体内容 .main_top 区域的实现

.main_top 区域包含 .top 和 .bottom 两个部分。下面我们分别介绍实现这两个部分布局效果的 Flex 代码。

例 8-7　.top 区域 Flex 代码

```
1   .top{
2     display: flex;
3   }
4   .top_left{
5     flex: 1;
6     display: flex;
```

```
7        align-items: center;
8    }
9    .top_right{
10       flex: 1;
11   }
```

上面代码中，第 2 行设置.top_left 和.top_right 两个区域左右排列。第 5 行和第 10 行设置.top_left 和.top_right 两个区域等宽。第 6 行和第 7 行设置.top_left 区域内容垂直居中。页面效果如图 8-16 所示。

图 8-16　.top 区域效果图

例 8-8　.bottom 区域 Flex 代码

```
1    .bottom{
2        display: flex;
3    }
4    .col{
5        flex: 1;
6    }
```

上面代码中，第 2 行设置 3 列内容左右排列。第 5 行设置 3 列内容等宽。页面效果如图 8-17 所示。

🏆 **公司介绍**

广东云景旅游文化有限公司（简称：云景旅游）成立于2016年1月26日，注册资本金3亿元，是云南省城市建设投资集团有限公司的控股子公司。

☎ **发展目标**

云景旅游以集团公司战略为发展目标，围绕集团公司战略部署，贯彻广东省产业转型升级的精神，大力发展旅游文化产业，通过建设开发旅游资源，促进广东省旅游环境的发展。

⏰ **公司地址**

集团公司：广东云景旅游文化产业有限公司
公司地址：广州市海珠区新港西路152号大院
联系电话：0871-67199708

图 8-17　.bottom 区域效果图

7. 主体内容.main_middle 区域的实现

.main_middle 区域包含两个.jingqu 部分，两部分代码相同，此处只列举其中一个部分的代码。

例 8-9　.jingqu 区域 Flex 代码

```
1    .jingqu{
2        display: flex;
3    }
4    .jingqu .transbox{
```

```
5      flex: 2;
6    }
7    .jingqu_img{
8      flex: 5;
9    }
10   .jingqu_img ul{
11     display: flex;
12     flex-wrap: wrap;
13   }
```

上面代码中，第 2 行设置 transbox 和.jingqu_img 两个区域左右排列。第 5 行和第 8 行设置 transbox 和.jingqu_img 两个区域的宽度比例是 2:5。第 11 行和第 12 行设置.jingqu_img 中 6 个景区图片换行排列。区域效果如图 8-18 所示。

图 8-18　.jingqu 区域效果图

8.　主体内容.main_bottom 区域的实现

下面我们详细介绍实现.main_bottom 区域布局效果的 Flex 代码。

例 8-10　.main_bottom 区域 Flex 代码

```
1    .main_bottom{
2      display: flex;
3      align-items: center;
4    }
5    .main_bottom>div{
6      display: flex;
7    }
8    .main_bottom div div{
9      flex: 1;
10   }
```

上面代码中，第 2 行和第 3 行设置.main_bottom 区域中的内容垂直居中。第 6 行设置.main_bottom 区域中的两个容器并排显示。第 9 行设置.main_bottom 区域中的两个容器等宽。区域效果如图 8-19 所示。

.main_bottom 区域左边区域中文字在容器中水平和垂直居中。例如，将图 8-20（1）的文字放在盒子中水平和垂直居中的位置，效果如图 8-20（2）所示。

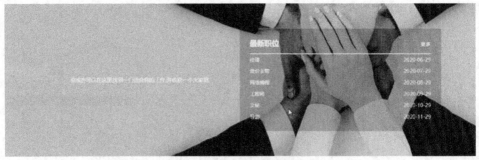

图 8-19　.main_bottom 区域效果图

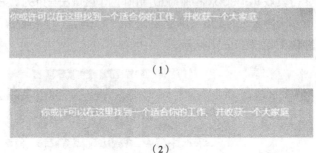

（1）

（2）

图 8-20　水平居中和垂直居中效果

例 8-11　Flex 实现水平居中和垂直居中

```
1  .main_bottom div div:first-child p{
2      display: flex;
3      align-items: center;
4      justify-content: center;
5  }
```

上述代码中，第 2 行代码首先指定盒子为 Flex 布局，在此基础上，通过第 3 行和第 4 行代码分别设置盒子中内容在盒子中为垂直居中和水平居中的。可以看到，Flex 布局设置垂直居中只需要一行代码就可以很容易地实现。

9. 实现页脚效果

下面我们介绍实现网页页脚效果的 Flex 代码。

例 8-12　Flex 实现页脚导航水平排列

```
footer ul{
    display: flex;
}
```

上面代码中，设置盒子为 Flex 布局，盒子内的项目也就是列表项会沿着主轴水平排列，如图 8-21 所示。

友情链接　｜　隐私与安全　｜　法律声明

图 8-21　页脚导航项水平排列

例 8-13　Flex 实现页脚信息两端对齐

```
1  footer div p{
```

```
2    display: flex;
3    justify-content: space-between;
4  }
```

上面代码中，通过第 2 行和第 3 行代码实现项目在盒子中的两端对齐，如图 8-22 所示。

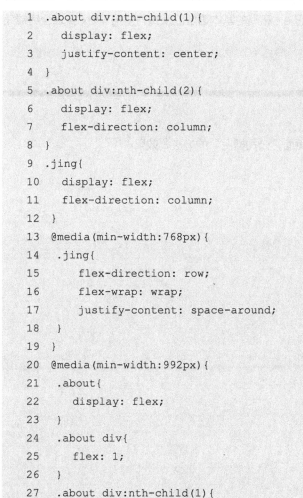

© 2020 广东云景旅游文化产业有限公司　　　回到顶部

图 8-22　页脚信息两端对齐效果

任务拓展：使用 Flex 布局重构二级页面"华阳湖景区"

本拓展任务使用 Flex 布局将二级页面"华阳湖景区"重构为响应式网页。请大家扫描右方二维码，观看该页面响应式效果。该页面的头部和页脚区域与首页完全一样，故代码略。主体内容部分 Flex 代码如下。

使用 Flex 布局重构
二级页面"华阳湖
景区"

操作视频：使用 Flex
布局重构二级页面
"华阳湖景区"

```
1   .about div:nth-child(1){
2     display: flex;
3     justify-content: center;
4   }
5   .about div:nth-child(2){
6     display: flex;
7     flex-direction: column;
8   }
9   .jing{
10    display: flex;
11    flex-direction: column;
12  }
13  @media(min-width:768px){
14    .jing{
15      flex-direction: row;
16      flex-wrap: wrap;
17      justify-content: space-around;
18    }
19  }
20  @media(min-width:992px){
21    .about{
22      display: flex;
23    }
24    .about div{
25      flex: 1;
26    }
27    .about div:nth-child(1){
28      justify-content: left;
```

151

```
29   }
30   }
```

　　上面代码中，第 1 行至第 12 行代码设置网页在手机端的显示效果：第 2 行和第 3 行代码设置"关于华阳"区域中的图片水平居中；第 6 行和第 7 行代码设置"关于华阳"区域中图片和文字的垂直排列；第 10 行和第 11 行代码实现"华阳美景"区域内容垂直排列。第 13 行至 19 行代码设置网页在平板端的显示效果：第 15 行和第 16 行代码设置"华阳美景"区域内容水平排列并且内容在该行显示不下的情况下换行排列；第 17 行代码设置项目在同一行中的两端对齐效果。第 20 行至第 30 行设置网页在桌面端的显示效果：第 22 行代码设置"关于华阳"区域内容水平排列；第 25 行代码设置"关于华阳"区域中两部分内容等分该行空间，并且等比例缩放；第 28 行代码设置"关于华阳"区域中图片在它所在的容器中左对齐。

任务小结

　　本任务介绍了响应式网页的基础知识、Flex 布局的基本语法以及如何使用 Flex 实现全终端兼容的响应式网页。

课后练习

　　使用 Flex 实现广东云景旅游公司二级页面"公司概况"的响应式效果。

任务九
使用Bootstrap实现网页响应式布局

学习目标

① 掌握 Bootstrap 框架环境的搭建方法
② 理解 Bootstrap 栅格系统的概念

③ 掌握运用 Bootstrap 框架制作响应式网页的方法

任务描述

框架是开发响应式网页最简便、快捷的方法。Peter 了解到 Bootstrap 是当前比较流行的响应式页面开发框架,他决定使用 Bootstrap 将网页再重构一次,借此机会学习 Bootstrap。

本任务的具体要求如下。

- 使用 Bootstrap 将云景旅游公司首页重构为响应式页面。

知识引入

Bootstrap 最初是由就职于 Twitter 的一个设计师和一个工程师创造的,现在,Bootstrap 已经成为了这个世界上最流行的前端开发框架和开源项目。Bootstrap 是基于 HTML、CSS、JavaScript 的,此外,它还包含了无数可复用的组件和插件,使得快速开发一个响应式网站成为可能。

1. Bootstrap 环境搭建

可以从 Bootstrap 中文网上下载 Bootstrap 安装包(本书以 Bootstrap 4 版本为例,其他版本搭建方法类似),如图 9-1 所示。

另外,还需要从 jQuery 官网上下载 jQuery.min.js 文件,Bootstrap 源文件中的.js 文件是依赖于 jQuery 的。

Bootstrap 环境搭建

源文件下载好后,将文件夹中编译好的 bootstrap.min.css 文件和 bootstrap.min.js 文件存放到网站根目录 styles 和 js 文件夹下,并将其引入网页中,如下所示。

```
<!--Bootstrap 4 核心 CSS 文件 -->
```

```
<link rel="stylesheet" type="text/css" href="styles/bootstrap.min.css">
<!-- jQuery 文件。务必在 bootstrap.min.js 之前引入 -->
<script type="text/javascript" src="js/jquery-3.3.1.min.js"></script>
<!-- Bootstrap 4 核心 JavaScript 文件 -->
<script type="text/javascript" src="js/bootstrap.min.js"></script>
```

图 9-1　Bootstrap 安装包下载页面

为了让 Bootstrap 开发的网站对移动设备友好，确保适当的绘制和触屏缩放，需要在网页的 head 中添加 viewport meta 标签，如下所示。

```
<meta name="viewport" content="width=device-width, initial-scale=1, shrink-to-fit=no">
```

上面代码中，shrink-to-fit=no 表示网页自动适应手机屏幕的宽度。

2. 容器

Bootstrap 4 需要一个容器元素来包裹网页的内容，可以使用以下两个容器类。

- .container 类：用于固定宽度并支持响应式布局的容器。
- .container-fluid 类：用于 100%宽度，占据全部视口（viewport）的容器。

3. 栅格系统

栅格系统通过一系列的行（row）与列（column）的组合来创建页面布局，每行中所有容器所占的列数之和必须等于 12，如图 9-2 所示。

栅格系统

1	1	1	1	1	1	1	1	1	1	1	1
4				4				4			
4				8							
6						6					
12											

图 9-2　Bootstrap 的栅格系统

列宽设置有以下 5 个类样式。

- .col-：针对所有设备。
- .col-sm-：平板电脑，屏幕宽度大于或等于 576 像素。
- .col-md-：桌面显示器，屏幕宽度大于或等于 768 像素。
- .col-lg-：大桌面显示器，屏幕宽度大于或等于 992 像素。
- .col-xl-：超大桌面显示器，屏幕宽度大于或等于 1200 像素。

例 9-1　栅格系统的使用

```
1  <div class="container-fluid">
2    <h1>平板电脑、桌面显示器、大桌面显示器、超大桌面显示器</h1>
3    <p>重置浏览器窗口大小，查看效果。</p>
4    <div class="container-fluid">
5      <div class="row">
6        <div class="col-sm-3 col-md-6 col-lg-4 col-xl-2 bg-success">
7          左侧列
8        </div>
9        <div class="col-sm-9 col-md-6 col-lg-8 col-xl-10 bg-warning">
10         右侧列
11       </div>
12     </div>
13   </div>
14 </div>
```

上面代码中，第 1 行和第 4 行代码说明容器占据 100%网页宽度。第 5 行代码表示创建一行。第 6 行代码中"col-sm-3"表示在平板电脑中该盒子占据 3 列宽度，同理，第 9 行代码中"col-sm-9"表示在平板电脑中该盒子占据 9 列宽度，这两个盒子宽度和等于 12 列。这个例子中的两个盒子在平板电脑、桌面显示器、大桌面显示器、超大桌面显示器显示的宽度比例为分别为 25%/75%、50%/50%、33.33%/66.67%、16.67/83.33%，而在手机等小型移动设备上网页内容会堆叠显示。第 6 行中的"bg-success"和第 9 行中的"bg-warning"分别表示背景颜色显示为绿色和黄色。

4. 样式

Bootstrap 提供了丰富的样式类，方便用户快速实现网页布局及设置样式。

例 9-2　按钮样式

```
1  <button type="button" class="btn btn-primary btn-lg">大号按钮</button>
2  <button type="button" class="btn btn-warning">默认按钮</button>
3  <button type="button" class="btn btn-success btn-sm">小号按钮</button>
```

上面代码中，它们共同的样式"btn"定义了按钮的默认样式，包括按钮的大小、圆角边框效果等。3 行代码中的"btn-primary""btn-warning""btn-sucess"样式为按钮设置了不同的背景颜色，分别赋予按钮"主要""警告""成功"的含义。第 1 行代码中的"btn-lg"和第 3 行代码中的"btn-sm"分别定义按钮大小为比默认样式大一号的尺寸和小一号的尺寸。

例 9-3　偏移列

```
<div class="container-fluid">
  <h1>偏移列</h1>
  <p>.offset-md-4 是把.col-md-4 往右移了四列格。</p>
  <div class="container-fluid">
    <div class="row">
      <div class="col-md-4 bg-success">.col-md-4</div>
      <div class="col-md-4 offset-md-4 bg-warning">.col-md-4 .offset-md-4</div>
    </div>
    <div class="row">
      <div class="col-md-3 offset-md-3 bg-success">.col-md-3 .offset-md-3</div>
      <div class="col-md-3 offset-md-3 bg-warning">.col-md-3 .offset-md-3</div>
    </div>
    <div class="row">
      <div class="col-md-6 offset-md-3 bg-success">.col-md-6 .offset-md-3</div>
    </div>
  </div>
</div>
```

上面代码中，引用样式".offset-md-4"的作用是把第 1 行中的列往右移动了 4 列格。同理，样式".offset-md-3"的作用是把第 2 行和第 3 行中的列向右移动了 3 列格，如图 9-3 所示。

图 9-3　偏移列效果图

5. 组件

Bootstrap 作为完整的前端工具集，内置了大量强大、优雅的可重用组件，包含导航、导航栏、按钮、卡片、折叠、轮播、下拉菜单、表单、输入框组、列表组、模态框、分页、弹出框、进度条、滚动条、提示框等。

例 9-4　选项卡折叠

```
1    <div id="accordion">
2        <div class="card">
3          <div class="card-header">
4            <a class="card-link" data-toggle="collapse" href="#collapseOne">
5              选项一
6            </a>
7          </div>
8          <div id="collapseOne" class="collapse show" data-parent="#accordion">
9            <div class="card-body">
10               内容 1: Bootstrap 选项卡折叠
11           </div>
```

```
12              </div>
13          </div>
14          <div class="card">
15            <div class="card-header">
16              <a class="collapsed card-link" data-toggle="collapse" href="#collapse
Two">
17                选项二
18              </a>
19            </div>
20            <div id="collapseTwo" class="collapse" data-parent="#accordion">
21              <div class="card-body">
22                内容2：Bootstrap 选项卡折叠
23              </div>
24            </div>
25          </div>
26        </div>
```

上面代码中，第 20 行代码中的"collapse"类用于指定一个折叠元素，默认情况下折叠的内容是隐藏的。单击超链接<a>后该元素会在隐藏与显示之间切换。此外，要控制内容的隐藏与显示，需要在超链接<a>上添加 data-toggle="collapse"属性。第 8 行代码中的"show"样式用于显示内容。第 8 行和第 20 行中使用 data-parent 属性确保所有的折叠元素在指定的父元素"#accordion"下，该父元素就是第 1 行定义的 id 为"accordion"的<div>，这样就能实现在一个选项显示时隐藏其他选项，如图 9-4 所示。

图9-4 选项卡组件

任务实现：使用 Bootstrap 重构旅游公司首页

请大家扫描右方二维码，观看该页面响应式效果，具体实现步骤如下。

1. 下载 Bootstrap
首先下载"bootstrap-4.0.0-dist.zip"压缩包，将其中的 bootstrap. min.css 文件和 bootstrap.min.js 文件分别复制到站点根目录的 styles 文件夹和 js 文件夹下。此外，

使用Bootstrap重构
旅游公司首页

操作视频：使用
Bootstrap 重构旅游
公司首页

必须下载 jquery.min.js 文件并将其复制到站点根目录的 js 文件夹下。在网页中通过下面的代码引入上述文件。

```
<link rel="stylesheet" type="text/css" href="styles/bootstrap.min.css">
```

```
<script type="text/javascript" src="js/jquery-3.3.1.min.js"></script>
<script type="text/javascript" src="js/bootstrap.min.js"></script>
```

2. 网页头部代码实现

因为首页头部是固定宽度并支持响应式的，因此，首先要插入容器，如下所示。

```
<div class="container"></div>
```

接下来，在容器中插入 Bootstrap 导航栏组件的代码，如下所示。

```
1  <div class="container">
2    <nav class="navbar navbar-expand-lg navbar-light">
3     <a class="navbar-brand" href="#"><img src="images/logo.png"></a>
4     <button class="navbar-toggler" type="button" data-toggle="collapse"
5       data-target="#navbarSupportedContent" aria-controls="navbarSupported
Content"
6      aria-expanded="false" aria-label="Toggle navigation">
7        <span class="navbar-toggler-icon"></span>
8     </button>
9     <div class="collapse navbar-collapse" id="navbarSupportedContent">
10       <ul class="navbar-nav mr-auto">
11        <li class="nav-item">
12          <a class="nav-link navblue" href="#">首页</a>
13        </li>
14        <li class="nav-item">
15          <a class="nav-link navblue" href="#">公司概况</a>
16        </li>
17        <li class="nav-item">
18          <a class="nav-link navblue" href="#">华阳湖景区</a>
19        </li>
20        <li class="nav-item">
21          <a class="nav-link navblue" href="#">岭南水乡小镇</a>
22        </li>
23        <li class="nav-item">
24          <a class="nav-link navblue" href="#">招贤纳士</a>
25        </li>
26        <li class="nav-item">
27          <a class="nav-link navblue" href="#">意见反馈</a>
28        </li>
29       </ul>
30       <form class="form-inline my-2 my-lg-0">
31         <input class="form-control mr-sm-2" type="search" aria-label="Search">
32         <button class="btn btn-outline-primary my-2 my-sm-0"
33         type="submit">Search</button>
34       </form>
35     </div>
```

```
36    </nav>
37  </div>
```

上面代码中，第 2 行至第 36 行代码定义了导航栏组件：包括 Logo、导航和搜索表单。第 2 行代码的含义是：导航栏需要包装 ".navbar" 样式并将 ".navbar-expand-lg" 样式用于响应式折叠，折叠的断点是在 lg（大桌面显示器），".navbar-light" 样式保证折叠菜单图标可见。第 4 行至第 8 行代码插入一个折叠按钮，当视口小于断点时显示。第 9 行代码中的 ".collapsenavbar-collapse" 样式通过父断点对导航栏内容进行分组和隐藏，也就是说，当视口小于断点时，这个 div 中包裹的内容被隐藏。第 10 行代码中的 "navbar-nav" 样式用于定义全高度和轻量级导航（包括对下拉菜单的支持）。第 12 行代码中的 "navblue" 是自定义样式，写在 index.css 文件中，用来将超链接的颜色设置为蓝色。第 30 行代码中的 "form-inline" 样式用于任何表单控制元件和操作。第 31 行代码中的 "form-control" 样式定义了搜索框的默认样式，即圆角边框和边框发光效果等。第 32 行中的 "btn" 样式定义了按钮的尺寸和圆角边框等样式，".btn-outline-primary" 样式设置按钮为蓝色。

3. 图片轮播效果代码实现

因为图片轮播是 100% 宽度的，因此，首先要插入容器，如下所示。

```
<div class="container-fluid"></div>
```

接下来，在容器中插入轮播组件的代码，如下所示。

```
<div class="container-fluid">
  <div id="demo" class="carousel slide" data-ride="carousel">
    <!-- 指示符 -->
    <ul class="carousel-indicators">
      <li data-target="#demo" data-slide-to="0"></li>
      <li data-target="#demo" data-slide-to="1"></li>
      <li data-target="#demo" data-slide-to="2"></li>
      <li data-target="#demo" data-slide-to="4"></li>
      <li data-target="#demo" data-slide-to="5"></li>
    </ul>
    <!-- 轮播图片 -->
    <div class="carousel-inner">
      <div class="carousel-item active">
        <a href="#"><img class="img-fluid" src="images/banners/banner1.jpg"></a>
      </div>
      <div class="carousel-item">
        <a href="#"><img class="img-fluid" src="images/banners/banner2.jpg"></a>
      </div>
      <div class="carousel-item">
        <a href="#"><img class="img-fluid" src="images/banners/banner3.jpg"></a>
      </div>
      <div class="carousel-item">
        <a href="#"><img class="img-fluid" src="images/banners/banner4.jpg"></a>
```

```
        </div>
        <div class="carousel-item">
          <a href="#"><img class="img-fluid" src="images/banners/banner5.jpg"></a>
        </div>
      </div>
      <!-- 左右切换按钮 -->
      <a class="carousel-control-prev" href="#demo" data-slide="prev">
        <span class="carousel-control-prev-icon"></span>
      </a>
      <a class="carousel-control-next" href="#demo" data-slide="next">
        <span class="carousel-control-next-icon"></span>
      </a>
    </div>
  </div>
```

上述代码中使用的类说明如表 9-1 所示。

表 9-1 使用的类说明

类	类描述
carousel	创建一个轮播
slide	切换图片的过渡和动画效果。如果你不需要这样的效果，可以删除这个类
carousel-indicators	为轮播添加一个指示符，就是轮播图底下的一个个小点。轮播的过程可以显示目前是第几张图
carousel-inner	添加要切换的图片
carousel-item	指定每个图片的内容
carousel-control-prev	添加左侧的按钮，单击会返回上一张
carousel-control-next	添加右侧按钮，单击会切换到下一张
carousel-control-prev-icon	与 carousel-control-prev 一起使用，设置左侧的按钮
carousel-control-next-icon	与 carousel-control-next 一起使用，设置右侧的按钮

4. 公司介绍区域代码实现

公司介绍区域分为上下两个部分，各用一个<div class="container"></div>容器包裹。

公司介绍的上半部分是左右两列结构，所以将 12 栅格等分，每列 6 个栅格。公司介绍上半部分区域的 Bootstrap 代码如下。

```
<div class="container main1 marginT60">
  <div class="row">
    <div class="col-sm-6 d-flex flex-wrap align-content-center">
      <h2><a href="#">快速了解<strong>云南城投</strong></a></h2>
      <p>云南省城市建设投资集团有限公司（简称：云南城投集团，原名：云南省城市建设投资有限
公司，2012 年 7 月更名）成立于 2005 年 4 月，是经云南省人民政府批准组建的现代大型国有企业，是云南
省人民政府授权的城建投资项目出资人代表及实施机构。2009 年 2 月，集团纳入云南省国资委监管。</p>
    </div>
```

```
    <div class="col-sm-6">
      <img src="images/company.jpg" class="img-fluid compPhoto"/>
    </div>
  </div>
</div>
```

根据栅格系统的理论，"col-sm-6"样式表示在平板电脑上该容器占据 6 列栅格。也就是说，在屏幕分辨率大于平板电脑的分辨率时，该容器均占据 6 列栅格。class="d-flex flex-wrap align-content-center"设置该容器中多行内容的垂直居中，是 Bootstrap 4 中 Flex 的语法。"main1"和"marginT60"是自定义的类，前者用于定义图标、超链接以及段落文字的颜色，后者用于定义上边距。

公司介绍下半部分是左中右 3 列结构，所以将 12 栅格等分 3 份，每列 4 个栅格。公司介绍下半部分区域的 Bootstrap 代码如下。

```
<div class="container main1 marginT60 marginB60">
  <div class="row">
    <div class="col-sm-4">
      <h3><a href="#"><i class="fa fa-trophy" aria-hidden="true"></i>公司介绍
</a></h3>
      <p class="smaller_font">广东云景旅游文化有限公司（简称：云景旅游）成立于 2016 年
1 月 26 日，注册资本金 3 亿元，是云南省城市建设投资集团有限公司的控股子公司。</p>
    </div>
    <div class="col-sm-4">
      <h3><a href="#"><i class="fa fa-tty" aria-hidden="true"></i>发展目标
</a></h3>
      <p class="smaller_font">云景旅游以集团公司战略为发展目标，围绕集团公司战略部署，
贯彻广东省产业转型升级的精神，大力发展旅游文化产业，通过建设开发旅游资源，促进广东省旅游环境的发
展。</p>
    </div>
    <div class="col-sm-4">
      <h3><a href="#"><i class="fa fa-clock-o" aria-hidden="true"></i>公司地址
</a></h3>
      <p class="smaller_font">集团公司：广东云景旅游文化产业有限公司<br/>
公司地址：广州市海珠区新港西路 152 号大院<br/>
联系电话：0871-67199708</p>
    </div>
  </div>
</div>
```

5. 景区图片部分代码实现

实现景区图片部分的 Bootstrap 代码如下。

```
<div class="container-fluid bg_grey padding60">
  <div class="container">
    <div class="row">
```

```
          <div class="col-sm-4 d-flex align-items-center justify-content-center
sidebar_blue">
                 <a href="#">华阳湖景区</a>
          </div>
           <div class="col-sm-8">
              <div class="row">
                <div class="col-sm-4">
                  <figure>
                    <img src="images/portfolio/hua_1.jpg" class="img-fluid"/>
                    <figcaption>湿地公园</figcaption>
                  </figure>
                </div>
                <div class="col-sm-4">
                  <figure>
                    <img src="images/portfolio/hua_2.jpg" class="img-fluid"/>
                    <figcaption>湿地公园</figcaption>
                  </figure>
                </div>
                <div class="col-sm-4">
                  <figure>
                    <img src="images/portfolio/hua_3.jpg" class="img-fluid"/>
                    <figcaption>湿地公园</figcaption>
                  </figure>
                </div>
              </div>
            </div>
          </div>
        </div>
   /*"岭南水乡小镇"部分的代码同"华阳湖景区"部分，故省略*/
   </div>
```

上面代码中，class="d-flex align-items-center justify-content-center"设置容器中单行内容的垂直居中和水平居中。"bg_grey""padding60"和"sidebar_blue"是自定义的样式。其中"bg_grey"样式设置该区域的背景颜色为灰色；"padding60"样式设置上边距大小；"sidebar_blue"样式设置背景颜色为蓝色。

6. 求职信息区域代码实现

实现求职信息区域的 Bootstrap 代码如下。

```
<div class="container-fluid d-flex align-items-center bottom_bg">
    <div class="container">
      <div class="row d-flex align-items-center">
        <div class="col-sm-6">
          <div class="d-flex align-items-center justify-content-center para">
             <p>你或许可以在这里找到一个适合你的工作，并收获一个大家庭</p>
```

```html
          </div>
        </div>
        <div class="col-sm-6 tb">
          <table>
            <thead>
              <tr>
                  <td>最新职位</td>
                  <td><a href="#">更多</a></td>
              </tr>
            </thead>
            <tbody>
              <tr>
                  <td>经理</td>
                  <td>2020-06-29</td>
              </tr>
              <tr>
                  <td>造价主管</td>
                  <td>2020-07-29</td>
              </tr>
              <tr>
                  <td>网络编程人员</td>
                  <td>2020-08-29</td>
              </tr>
              <tr>
                  <td>工程师</td>
                  <td>2020-09-29</td>
              </tr>
              <tr>
                  <td>文秘</td>
                  <td>2020-10-29</td>
              </tr>
              <tr>
                  <td>导游</td>
                  <td>2020-11-29</td>
              </tr>
            </tbody>
          </table>
        </div>
      </div>
    </div>
  </div>
```

上面代码中，class="d-flex align-items-center" 设置容器中单行内容垂直居中。

"bottom_bg""para""tb"是自定义的样式。其中，"bottom_bg"样式用于定义背景图像以及内容的垂直居中；"para"样式用于定义背景图像及文字样式；"tb"样式用于定义半透明背景。

7. 页脚区域代码实现

下面我们介绍实现页脚区域的 Bootstrap 代码。

```
<div class="container marginT60">
    <p>© 2020 广东云景旅游文化产业有限公司<span class="pull-right"><a href="#">回到
顶部</a></span></p>
    <ul class="d-flex footer_ul clearfix">
    <li><a href="">友情连接</a></li>
    <li>|</li>
    <li><a href="">隐私与安全</a></li>
    <li>|</li>
    <li><a href="">法律声明</a></li>
    </ul>
</div>
```

上面代码中，"marginT60"和"footer_ul"是自定义的样式。其中，"marginT60"样式用于设置上边距大小；"footer_ul"样式用于定义页脚部分超链接文字样式。"pull-right"和"d-flex"是 Bootstrap 内置样式，"pull-right"样式用于将任意元素向右浮动；"d-flex"样式用于设置页脚超链接的水平排列。

📝 任务拓展：使用 Bootstrap 重构二级页面"华阳湖景区" ——

使用 Bootstrap 重构二级页面"华阳湖景区"

本拓展使用 Bootstrap 4 将二级页面"华阳湖景区"重构为响应式网页。请大家扫描左方二维码，观看该页面响应式效果。该页面的头部和页脚区域与首页完全一样，故代码略。主体内容部分 HTML 代码如下。

```
<div class="banner">
        <a href="#"><img src="images/hua/banner1.jpg" alt="华
阳湖景区"></a>
    </div>
<main>
    <div class="section_header d-flex justify-content-center align-items-center">
        <h1>关于华阳</h1>
    </div>
    <div class="container">
        <div class="row">
            <div class="col-lg-6 center"><img src="images/hua/jing.png"></div>
            <div class="col-lg-6 about">
                <h5 class="d-flex justify-content-center">群山中的华阳湖如一颗
璀璨的明珠</h5>
```

```
                <p>景区以高山截流的华阳湖为中心，随境造景，分别建有水上游乐区、民俗园区、
茶文化园区、野果采摘区、会务区、别墅区等各种功能齐备的观光游览服务区。景区建筑红墙黄瓦，独具文化
特色，在大自然的碧水青山映衬下，俨然衬托出了一片充满魅力的人间仙境。 景区内，游人或可乘小艇劈波于
华阳湖上，或可迈步湖畔长堤听山泉喷涌和松涛轰鸣，或可登临拜佛台感悟华阳大佛的广博心境，或可循小径
去探索"望夫石""观音洞"等美丽的传说中的中华民族的深厚文化底蕴。</p>
                </div>
            </div>
        </div>
        <div class="section_header d-flex justify-content-center align-items-
center">
            <h1>华阳美景</h1>
        </div>
        <div class="container">
            <div class="row d-flex justify-content-center">
                <div class="col-lg-4 col-md-6 jing">
                    <img src="images/hua/A1.jpg"/>
                    <ul>
                        <li>
                            <i class="fa fa-tree" aria-hidden="true"></i>
水上森林
                        </li>
                        <li>
                            <i class="fa fa-building" aria-hidden="true">
</i>营造湿地水上森林景观，游客可以乘船在森林水道中划行，也可以漫步于森林中
                        </li>
                    </ul>
                </div>
                <div class="col-lg-4 col-md-6 jing">
                    <img src="images/hua/A2.jpg"/>
                    <ul>
                        <li>
                            <i class="fa fa-tree" aria-hidden="true"></i>
花海田园
                        </li>
                        <li>
                            <i class="fa fa-building" aria-hidden="true">
</i>种植花卉形成花海和花坡景观，种植蔬菜、水果形成农田景观，游客可以采摘新鲜水果品尝
                        </li>
                    </ul>
                </div>
                <div class="col-lg-4 col-md-6 jing">
                    <img src="images/hua/A3.jpg"/>
                    <ul>
                        <li>
                            <i class="fa fa-tree" aria-hidden="true"></i>
```

165

花船巡游

```
                                </li>
                                <li>
                                        <i class="fa fa-building" aria-hidden="true">
</i>各种花卉争妍斗艳，让游人目不暇接。沿蜿蜒的水道，花船驶入花丛中，让游客与花亲密接触
                                </li>
                        </ul>
                </div>
                <div class="col-lg-4 col-md-6 jing">
                  <img src="images/hua/A4.jpg"/>
                    <ul>
                        <li>
                                <i class="fa fa-tree" aria-hidden="true"></i>
```

水上森林

```
                                </li>
                                <li>
                                        <i class="fa fa-building" aria-hidden="true">
</i>营造湿地水上森林景观，游客可以乘船在森林水道中划行，也可以漫步于森林中
                                </li>
                        </ul>
                </div>
                <div class="col-lg-4 col-md-6 jing">
                  <img src="images/hua/A5.jpg"/>
                    <ul>
                        <li>
                                <i class="fa fa-tree" aria-hidden="true"></i>
```

花海田园

```
                                </li>
                                <li>
                                        <i class="fa fa-building" aria-hidden="true">
</i>种植花卉形成花海和花坡景观，种植蔬菜、水果形成农田景观，游客可以采摘新鲜水果品尝
                                </li>
                        </ul>
                </div>
                <div class="col-lg-4 col-md-6 jing">
                  <img src="images/hua/A6.jpg"/>
                    <ul>
                        <li>
                                <i class="fa fa-tree" aria-hidden="true"></i>
```

花船巡游

```
                                </li>
                                <li>
                                        <i class="fa fa-building" aria-hidden="true">
</i>各种花卉争妍斗艳，让游人目不暇接。沿蜿蜒的水道，花船驶入花丛中，让游客与花亲密接触
                                </li>
```

```
                    </ul>
                </div>
        </div>
    </div>
</main>
```

任务小结

本任务介绍了 Bootstrap 4 框架的基础知识，以及如何使用 Bootstrap 4 实现全终端兼容的响应式网页。

课后练习

使用 Bootstrap 4 实现广东云景旅游公司二级页面"公司概况"的响应式效果。

任务十

综合练习——儿童玩具商城
网站设计与制作

任务描述

在深入学习了前面 9 个任务的知识后，为了及时有效地巩固所学的知识，本任务中我们将综合运用前面所学的知识开发一个响应式网站项目——儿童玩具商城。该网站包括儿童玩具商城的首页、进口玩具页面、相关文章页面及联系我们页面，网站各页面效果如图 10-1 所示。

（1）首页

（2）进口玩具页面

图 10-1　儿童玩具商城各页面效果图

（3）相关文章页面 　　　　　　　　　　　　　（4）联系我们页面

图10-1　儿童玩具商城各页面效果图（续）

请扫描右方二维码，观看网站响应式效果。

儿童玩具商城网站
响应式效果

任务实现：设计与制作儿童玩具商城网站

1. 规划网站目录结构

根据前面所学知识，建立网站目录结构，如图10-2所示。

图10-2　儿童玩具商城网站目录结构

下面我们逐一介绍本项目中的各个文件。

- bootstrap.min.js：Bootstrap 框架所依赖的 js 文件。
- jquery-3.3.1.min.js：Bootstrap 框架 js 效果所依赖的 jQuery 文件。
- bootstrap.min.css：Bootstrap 框架所依赖的 CSS 样式文件。
- font-awesome.min.css：Font Awesome 图标文字所依赖的 CSS 样式文件。
- style.css：网站所有页面共用的 CSS 样式文件。
- blog.html：相关文章页面。
- contact.html：联系我们页面。
- index.html：首页。
- product.html：进口玩具页面。

2. 首页代码实现

（1）首页结构分析

通过分析首页效果图，可将首页结构划分为：头部、商品选项卡、热卖商品广告图片、特色产品、站内信箱、底部 Logo、页脚。其中，头部区域又可分解为：搜索表单、顶部菜单、Logo、主导航和轮播图。首页效果图结构如图 10-3 所示。

图 10-3　儿童玩具商城首页效果图结构

（2）设置 meta 和引入文件

在所有网页文件的<head></head>标签中设置<meta>元信息以及链接相应的 CSS 文件，如下所示。

```
<meta charset="utf-8">
<meta name="viewport" content="width=device-width, initial-scale=1, shrink-to-fit=no">
<link rel="stylesheet" type="text/css" href="styles/bootstrap.min.css">
<link rel="stylesheet" type="text/css" href="styles/font-awesome.min.css">
<link rel="stylesheet" type="text/css" href="styles/style.css">
```

在<body></body>标签中间添加相应的 js 文件，如下所示。

```
<script type="text/javascript" src="js/jquery-3.3.1.min.js"></script>
<script type="text/javascript" src="js/bootstrap.min.js"></script>
```

（3）编辑首页 HTML 代码

在 index.html 页面中插入 HTML 标签和内容，代码如下。

```
<body class="bg-white">
  <!-- 网页头部 -->
  <header class="p-t-15">
    <div class="container">
      <!-- 搜索表单和顶部菜单 -->
      <div class="row">
        <div class="col-lg-4 hidden-md hidden-sm">
          <div class="cloud-3"></div>
        </div>
        <div class="col-sm-12 col-md-8 col-lg-3">
          <div class="search-box">
            <input type="text" class="search-txt form-item" placeholder="Search...">
            <button type="button" class="saerch-btn"><i class="fa fa-search"></i></button>
          </div>
        </div>
        <div class="col-md-4 col-lg-5 d-flex align-items-center justify-content-end">
          <ul class="d-flex pull-right list_ul">
            <li class="hidden-sm"><a href="#">愿望清单</a></li>
            <li class="hidden-sm"><a href="#">我的账号</a></li>
            <li class="hidden-sm"><a href="#"><i class="fa fa-cart-plus"></i></a></li>
          </ul>
        </div>
      </div>
      <!-- Logo 和主导航 -->
      <div class="row p-t-15">
```

```html
        <div class="col-sm-12 col-lg-2">
          <!-- Logo -->
          <a href="#" class="logo">
            <img src="images/logo.png" alt="logo">
          </a>
        </div>
        <div class="col-sm-12 col-lg-10">
          <!-- main-menu -->
          <div class="main-menu">
            <nav class="navbar-expand-md navbar-default navbar-light navbar">
              <button class="navbar-toggler" type="button" data-toggle="collapse" data-target="#navbarSupportedContent" aria-controls="navbarSupportedContent" aria-expanded="false" aria-label="Toggle navigation">
                <span class="navbar-toggler-icon"></span>
              </button>
              <div class="collapse navbar-collapse" id="navbarSupportedContent">
                <ul class="navbar-nav">
                  <li class="nav-item active">
                    <a class="nav-link" href="index.html" target="blank">首页</a>
                  </li>
                  <li class="nav-item">
                    <a class="nav-link" href="#">关于我们</a>
                  </li>
                  <li class="nav-item dropdown show">
                    <a class="nav-link btn dropdown-toggle" href="#" role="button" id="dropdownMenuLink" data-toggle="dropdown" aria-haspopup="true" aria-expanded="false">所有产品</a>
                    <div class="dropdown-menu" aria-labelledby="dropdownMenuLink">
                      <a class="dropdown-item" href="#">新品上市</a>
                      <a class="dropdown-item" href="product.html">进口玩具</a>
                      <a class="dropdown-item" href="#">热卖商品</a>
                    </div>
                  </li>
                  <li class="nav-item">
                    <a class="nav-link" href="blog.html" target="blank">相关文章</a>
                  </li>
                  <li class="nav-item">
                    <a class="nav-link" href="contact.html" target="blank">联系我们</a>
                  </li>
                </ul>
              </div>
            </nav>
          </div>
```

```
            </div>
          </div>
        </div>
      </header>


      <!-- 轮播图 -->
      <div class="sideshow">
        <div class="container text-center">
          <div id="carouselExampleSlidesOnly" class="carousel slide" data-ride="
carousel">
            <div class="carousel-inner p-b-40">
              <div class="carousel-item active">
                <img class="d-block w-100" src="images/banner-4.png" alt="First
slide">
              </div>
              <div class="carousel-item">
                <img class="d-block w-100" src="images/banner-6.png" alt="Second
slide">
              </div>
              <div class="carousel-item">
                <img class="d-block w-100" src="images/banner-7.png" alt="Third
slide">
              </div>
            </div>
          </div>
          <div class="cloud-0"></div>
          <div class="cloud-3"></div>
          <div class="cloud-1"></div>
          <div class="cloud-2"></div>
        </div>
      </div>
      <div class="top-pie"></div>


      <!-- 商品选项卡 -->
      <section class="m-t-40">
        <div class="container">
          <!-- 选项卡导航 -->
          <nav>
            <div class="nav nav-tabs" id="nav-tab" role="tablist">
              <a class="nav-item nav-link active" id="nav-home-tab" data-toggle=
"tab" href="#nav-home" role="tab" aria-controls="nav-home" aria-selected="true">
新品到货</a>
              <a class="nav-item nav-link" id="nav-profile-tab" data-toggle="tab"
href="#nav-profile" role="tab" aria-controls="nav-profile" aria-selected="false">
热卖商品</a>
```

```
            <a class="nav-item nav-link" id="nav-contact-tab" data-toggle="tab"
href="#nav-contact" role="tab" aria-controls="nav-contact" aria-selected="false">
进口玩具</a>
        </div>
    </nav>
    <!-- 商品图片 -->
    <div class="tab-content" id="nav-tabContent">
    <!-- 新品到货 -->
        <div class="tab-pane fade show active" id="nav-home" role="tabpanel"
aria-labelledby="nav-home-tab">
            <div class="row">
            <div class="col-sm-12 col-md-4">
                <!-- Product item -->
                <div>
                    <a href="#" class="product-img">
                        <img src="images/sp1.jpg" alt="image">
                    </a>
                    <div class="text-center">
                        <h4 class="product-name">
                            <a href="#">小可爱乌龟玩具</a>
                        </h4>
                        <div>
                            <span class="product-price">64.00元</span>
                        </div>
                    </div>
                </div>
            </div>
            <div class="col-sm-12 col-md-4">
                <!-- Product item -->
                <div>
                    <a href="#" class="product-img">
                        <img src="images/sp2.jpg" alt="image">
                    </a>
                    <div class="text-center">
                        <h4 class="product-name">
                            <a href="#">哈皮狗玩具</a>
                        </h4>
                        <div>
                            <span class="product-price">64.00元</span>
                        </div>
                    </div>
                </div>
            </div>
            <div class="col-sm-12 col-md-4">
```

```html
<!-- Product item -->
<div>
  <a href="#" class="product-img">
    <img src="images/sp3.jpg" alt="image">
  </a>
  <div class="text-center">
    <h4 class="product-name">
      <a href="#">拼插花朵玩具</a>
    </h4>
    <div>
      <span class="product-price">64.00 元</span>
    </div>
  </div>
</div>
</div>
</div>
</div>
<!-- 热卖商品 -->
<div class="tab-pane fade" id="nav-profile" role="tabpanel" aria-labelledby="nav-profile-tab">
  <div class="row">
    <div class="col-sm-6 col-md-4">
      <!-- Product item -->
      <div>
        <a href="#" class="product-img">
          <img src="images/sp4.jpg" alt="image">
        </a>
        <div class="text-center">
          <h4 class="product-name">
            <a href="#">帆船玩具</a>
          </h4>
          <div>
            <span class="product-price">64.00 元</span>
          </div>
        </div>
      </div>
    </div>
    <div class="col-sm-6 col-md-4">
      <!-- Product item -->
      <div>
        <a href="#" class="product-img">
          <img src="images/sp5.jpg" alt="image">
        </a>
```

```
        <div class="text-center">
          <h4 class="product-name">
            <a href="#">滑翔飞机玩具</a>
          </h4>
          <div>
            <span class="product-price">64.00 元</span>
          </div>
        </div>
      </div>
    </div>
    <div class="col-sm-6 col-md-4">
      <!-- Product item -->
      <div>
        <a href="#" class="product-img">
          <img src="images/sp6.jpg" alt="image">
        </a>
        <div class="text-center">
          <h4 class="product-name">
            <a href="#">直升飞机玩具</a>
          </h4>
          <div>
            <span class="product-price">64.00 元</span>
          </div>
        </div>
      </div>
    </div>
  </div>
</div>
<!-- 进口玩具 -->
<div class="tab-pane fade" id="nav-contact" role="tabpanel" aria-
labelledby="nav-contact-tab">
  <div class="row">
    <div class="col-sm-6 col-md-4">
      <!-- Product item -->
      <div>
        <a href="#" class="product-img">
          <img src="images/sp7.jpg" alt="image">
        </a>
        <div class="text-center">
          <h4 class="product-name">
            <a href="#">雷电飞机</a>
          </h4>
          <div>
```

```
            <span class="product-price">64.00元</span>
          </div>
        </div>
      </div>
    </div>
    <div class="col-sm-6 col-md-4">
      <!-- Product item -->
      <div>
        <a href="#" class="product-img">
          <img src="images/sp8.jpg" alt="image">
        </a>
        <div class="text-center">
          <h4 class="product-name">
            <a href="#">航母玩具</a>
          </h4>
          <div>
            <span class="product-price">64.00元</span>
          </div>
        </div>
      </div>
    </div>
    <div class="col-sm-6 col-md-4">
      <!-- Product item -->
      <div>
        <a href="#" class="product-img">
          <img src="images/sp9.jpg" alt="image">
        </a>
        <div class="text-center">
          <h4 class="product-name">
            <a href="#">飞碟玩具</a>
          </h4>
          <div>
            <span class="product-price">64.00元</span>
          </div>
        </div>
      </div>
    </div>
      </div>
    </div>
  </div>
</section>
```

```html
<!-- 热卖商品广告图片 -->
<section class="m-t-60">
  <div class="container">
    <div class="bg-main banner-2x bor-rand-15">
      <div>
        <h1 class="heading-size-3 color-tran">六一儿童节礼物</h1>
        <h4 class="heading-size-2 color-3">45%折扣</h4>
        <h3 class="heading-size-6">免邮费 - 仅需 80 元</h3>
        <a href="#" class="btn ht-btn ht-btn-bg-2">立即购买</a>
      </div>
    </div>
  </div>
</section>


<!-- 特色产品 -->
<section class="m-t-60">
  <div class="container text-center">
    <h3 class="title">特色产品</h3>
    <div class="row">
      <div class="col-md-6 col-lg-3">
        <div>
          <a href="product_detail.html" class="product-img"><img src="images/
sp3.jpg" alt="image"></a>
          <div>
            <h4 class="product-name"><a href="#">拼插花朵玩具</a></h4>
            <div>
              <span class="product-price">64.00 元</span>
            </div>
          </div>
        </div>
      </div>
      <div class="col-md-6 col-lg-3">
        <div>
          <a href="product_detail.html" class="product-img"><img src="images/
sp1.jpg" alt="image"></a>
          <div>
            <h4 class="product-name"><a href="#">小可爱乌龟玩具</a></h4>
            <div>
              <span class="product-price">64.00 元</span>
            </div>
          </div>
        </div>
      </div>
```

```
            </div>
            <div class="col-md-6 col-lg-3">
              <div>
                <a href="product_detail.html" class="product-img"><img src="images/
sp5.jpg" alt="image"></a>
                <div>
                  <h4 class="product-name"><a href="#">滑翔飞机玩具</a></h4>
                  <div>
                    <span class="product-price">64.00 元</span>
                  </div>
                </div>
              </div>
            </div>
            <div class="col-md-6 col-lg-3">
              <div>
                <a href="product_detail.html" class="product-img"><img src="images/
sp2.jpg" alt="image"></a>
                <div>
                  <h4 class="product-name"><a href="#">哈皮狗玩具</a></h4>
                  <div>
                    <span class="product-price">64.00 元</span>
                  </div>
                </div>
              </div>
            </div>
          </div>
        </div>
    </section>


    <!-- 站内信箱 -->
    <section class="m-t-60">
      <div class="container">
        <div class="newsletter text-center">
          <h3 class="title">站内信箱</h3>
          <p>请提出您的宝贵意见，我们会以最快的速度回复您。</p>
          <form>
            <input type="text" class="form-item" placeholder="Enter your email">
            <button type="button"><i class="fa fa-paper-plane-o"></i></button>
          </form>
        </div>
      </div>
    </section>
```

```html
<!-- 底部 Logo -->
<div class="m-t-60">
  <div class="container brand">
    <div class="row">
      <div class="col-4 col-lg-2">
        <a href="#"><img src="images/log1.png" alt="image"></a>
      </div>
      <div class="col-4 col-lg-2">
        <a href="#"><img src="images/log2.png" alt="image"></a>
      </div>
      <div class="col-4 col-lg-2">
        <a href="#"><img src="images/log3.png" alt="image"></a>
      </div>
      <div class="col-4 col-lg-2">
        <a href="#"><img src="images/log4.png" alt="image"></a>
      </div>
      <div class="col-4 col-lg-2">
        <a href="#"><img src="images/log5.png" alt="image"></a>
      </div>
      <div class="col-4 col-lg-2">
        <a href="#"><img src="images/log6.png" alt="image"></a>
      </div>
    </div>
  </div>
</div>
<div class="bg-landscape"></div>

<!-- 页脚 -->
<footer class="color-inher">
  <div class="footer-top">
    <div class="container">
      <div class="row">
        <div class="col-sm-12 col-md-3">
          <h3 class="title">相关信息</h3>
          <ul>
            <li><a href="#">关于我们</a></li>
            <li><a href="#">配送信息</a></li>
            <li><a href="#">隐私政策</a></li>
            <li><a href="#">条款和条件</a></li>
          </ul>
        </div>
        <div class="col-sm-12 col-md-3">
```

```
        <h3 class="title">我的账户</h3>
        <ul>
          <li><a href="#">我的账户</a></li>
          <li><a href="#">历史订单</a></li>
          <li><a href="#">愿望清单</a></li>
          <li><a href="#">使用指南</a></li>
        </ul>
      </div>
      <div class="col-sm-12 col-md-3">
        <h3 class="title">附加</h3>
        <ul>
          <li><a href="#">品牌</a></li>
          <li><a href="#">礼券</a></li>
          <li><a href="#">分会</a></li>
          <li><a href="#">特价</a></li>
        </ul>
      </div>
      <div class="col-sm-12 col-md-3">
        <h3 class="title">联系我们</h3>
        <ul class="social_link m-l-40">
          <li><a href="#"><i class="fa fa-facebook"></i>Facebook</a></li>
          <li><a href="#"><i class="fa fa-google-plus"></i>Google +</a></li>
          <li><a href="#"><i class="fa fa-twitter"></i>Tiwtter</a></li>
        </ul>
      </div>
    </div>
  </div>
  <div class="footer-bt">
    <div class="container">
      <p>© 2019 Designed by <a href="#">tch</a>. All rights reserved</p>
    </div>
  </div>
</footer>
```

（4）首页 CSS 样式实现

首先在 style.css 文件中添加所有页面的公共样式，代码如下。

```
body{
  font-family: "微软雅黑";
}
img{
  width: 100%;
```

```
  }
ul{
  padding: 0;
  margin: 0;
  list-style-type: none;
}
a{
  color: #333;
}
.bg-white{
  background-color:#fff;
  color:#333;
}
body,header{
  background:#f3ecd5;
}
.container{
  position:relative;
}
.p-b-40{
  padding-bottom: 40px;
}
.p-t-15{
  padding-top:15px;
}
.p-30{
  padding:30px;
}
.m-t-60{
  margin-top:60px;
}
.m-t-40{
  margin-top:40px;
}
.m-b-15{
  margin-bottom:15px;
}
.m-t-20{
  margin-top:20px;
}
.f-25{
  font-size:25px;
}
.f-bold{
```

```
    font-weight:bold!important;
}
```

接下来在 style.css 文件中添加首页样式，代码如下。

```
/*搜索表单和顶部菜单*/
.search-box{
    position:relative;
    margin-top:5px;
    z-index:2;
}
.search-box .form-item{
    border:none;
    border-radius:30px;
    padding:0px 45px 0px 20px;
    height:45px;
    width:100%;
    box-shadow:1px 1px 0px 0px #eae2b6!important;
}
.search-box .form-item:focus,.search-box .form-item:active{
    border:inherit;
}
.search-box button{
    background:#f3ecd5;
    border-radius:30px;
    border:none;
    position:absolute;
    right:5px;
    top:5px;
    z-index:999;
    height:35px;
    width:35px;
    line-height:35px;
    text-align:center;
}
.list_ul li{
    margin-left:15px;
}
/*Logo*/
.logo{
    display: block;
    width: 192px;
}
/*主导航*/
nav a{
```

```css
    font-size:20px;
}
.main-menu{
  display: flex;
  justify-content: flex-end;
  margin-top:60px;
}
.main-menu ul.navbar-nav{
  padding:10px;
  border-radius:70px;
  position:relative;
  z-index:2;
  display:inline-block;
  background:#fff;
  box-shadow:1px 1px 2px 0px #eae2b6;
}
.navbar-nav li{
  display:inline;
}
.navbar-nav li>a{
  padding:12px 28px 12px 28px;
  display:inline-block;
  margin-right:5px;
  border-radius:70px;
  font-weight:500;
}
.navbar-nav>li:last-child>a{
  margin:0px;
}
.navbar-nav>li.active>a,.navbar-nav>li>a:hover{
  background:#ff9b9b;
  color:#fff;
}
.nav-item{
  margin:0 10px;
  text-align: center;
}
/*轮播图*/
.sideshow{
  background-color:#f3ecd5;
  padding:60px 0px 40px 0px;
}
.cloud-0,.cloud-1,.cloud-2,.cloud-3{
  position:absolute;
```

```
      z-index:1;
}
.cloud-0{
   background:url('../images/bv.png');
   background-repeat:no-repeat;
   background-size:100%;
   width:190px;
   height:130px;
   left:20px;
   top:0px;
}
.cloud-1{
   background:url('../images/bg-logo.png');
   background-repeat:no-repeat;
   background-size:100%;
   width:180px;
   height:130px;
   right:50px;
   top:40px;
}
.cloud-2{
   background:url('../images/bg-logo.png');
   background-repeat:no-repeat;
   background-size:100%;
   width:110px;
   height:70px;
   right:300px;
   top:200px;
}
.cloud-3{
   background:url('../images/bg-logo.png');
   background-repeat:no-repeat;
   background-size:100%;
   width:80px;
   height:55px;
   left:250px;
   top:0px;
}
.top-pie{
   background:url('../images/pie3.png');
   height:31px;
   width:100%;
   margin-bottom:0px;
   margin-top:-31px;
```

```
}
/*商品选项卡*/
.nav-tabs .nav-link.active,
.nav-tabs .nav-item.show .nav-link,
.product-price{
    color: #fd7070;
}
/*热卖商品广告图片*/
.bor-rand-15{
    border-radius:15px;
}
.bg-main{
    background-image:url(../images/bus.png);
    background-repeat:no-repeat;
    background-position:bottom 20px right 60px;
    background-color:#f3ecd5;
    background-size:550px 315px;
    color:#333;
}
.banner-2x{
    padding:80px 70px;
}
.ht-btn{
    padding:10px 17px;
    border:none;
    background:#fff;
    color:#333;
    box-shadow:0px 0px 0px 0px #fff;
    border-radius:4px;
    text-transform:uppercase;
    font-weight:500;
    margin-top:10px;
}
.ht-btn-bg-2{
    margin-top:20px;
    background:rgba(0, 0, 0, 0.21);
    color:#fff;
}
.ht-btn-bg-2:hover{
    background:rgba(0, 0, 0, 0.4);
}
.heading-size-3{
    font-size:55px;
}
```

```
.heading-size-2{
    font-size:75px;
}
.heading-size-6{
    font-size:28px;
}
.color-tran{
    color:rgba(0, 0, 0, 0.21)!important;
}
.color-3{
    color:#fd7070!important;
}
/*特色产品*/
.product-name{
    font-size: 14px;
}
.product-price{
    font-size: 20px;
}
.product-img{
    display: block;
    padding: 20px;
}
/*页脚 logo*/
.brand a{
    padding:25px;
    display: block;
}
.bg-landscape{
    background:url(../images/landscape_banners.jpg);
    background-repeat:repeat-x;
    background-position:bottom;
    height:340px;
    width:100%;
}
/*站内信箱*/
.newsletter form{
    max-width:400px;
    margin:auto;
    position:relative;
    margin-top:40px;
}
.newsletter input.form-item{
    margin-right:15px;
```

```css
    width:100%;
    height:50px;
    color:#333;
}
.newsletter button{
    background:none;
    border:none;
    position:absolute;
    top:5px;
    right:5px;
    display:block;
    height:40px;
    padding:0px 15px;
    font-weight:500;
    color:#333;
}
.form-item{
    border:2px solid #f3ecd5;
}
.title{
    font-weight: bold;
    padding: 20px 0;
}
/*页脚*/
.color-inher{
    color:#fff;
}
.title{
    font-weight: normal;
    padding-bottom:10px;
    font-size:25px;
    text-transform:capitalize;
}
footer{
    background:#49408e;
}
.footer-top {
    padding:60px 0px;
}
.footer-top ul li a{
    border-bottom:1px dashed rgba(255,255,255,0.15);
    padding:10px 0px;
    display:block;
    color: #fff;
```

```
}
.footer-top ul li:last-child a{
   border-bottom:0px;
}
.footer-top ul.social_link a{
   margin-bottom:20px;
   display:block;
   border:none;
   padding:0px;
}
.footer-top ul.social_link a i{
   height:35px;
   width:35px;
   border:1px solid rgba(255,255,255,0.15);
   line-height:35px;
   ext-align:center;
   border-radius:3px;
   margin-right:10px;
}
.footer-bt{
   background:#3e3777;
}
.footer-bt p a{
   color: #fff;
   font-weight:500;
}
.footer-bt p{
   padding:20px 0px 13px 0px;
   margin-bottom:0px;
}
/*Media query*/
@media (min-width:768px) and (max-width:992px){
 .hidden-md{
   visibility: hidden;
 }
 .bg-main{
   background-image: none;
 }
 .main-menu{
   display: flex;
   justify-content: center;
 }
}
@media (max-width:768px){
```

```css
.container{
    max-width: 700px;
}
.hot{
    border: 1px solid red;
    margin: 0;
}
.bg-main{
    background-image: none;
}
.hidden-sm{
    visibility: hidden;
}
.navbar{
    display: flex;
    justify-content: flex-end;
}
.banner-2x{
    padding:40px 40px;
}
.logo img{
    width:110px;
    margin-top:20px;
}
.sideshow{
    padding:30px 0px;
}
.cloud-0,.cloud-1,.cloud-2,.cloud-3{
    display:none;
}
section{
    margin-top:40px;
}
.heading-size-2{
    font-size:50px;
}
.heading-size-3{
    font-size:35px;
}
.heading-size-6{
    font-size:18px;
}
.main-menu{
    margin-top:-65px;
```

```
      padding:15px;
   }
   .navbar-nav{
      background:#fff;
      margin-bottom:10px;
      padding:0px;
      border-radius:0px!important;
   }
   .navbar-nav li{
      margin: 0;
   }
   .navbar-nav li a{
      color:#333;
      display:inline-block;
      border-bottom:1px dashed #eee;
      border-radius:0px!important;
      width:100%;
      background:#fff;
   }
}
```

3. "进口玩具"页面代码实现

（1）引入 js 文件

"进口玩具"页面需要使用分页组件，因此，首先在 product.html 中插入依赖的 js 文件，如下所示。

```
<script src="https://cdnjs.cloudflare.com/ajax/libs/popper.js/1.14.3/umd/ popper.
min.js" integrity="sha384-ZMP7rVo3mIykV+2+9J3UJ46jBk0WLaUAdn689aCwoqb BJiSnjAK/
l8WvCWPIPm49" crossorigin="anonymous"></script>
```

（2）编辑"进口玩具"页面 HTML 代码

分析"进口玩具"页面效果图，如图 10-4 所示，"进口玩具"页面头部和页脚部分与首页相同，其余内容划分为进口玩具列表和售后承诺两部分。

根据网页结构和内容写出相应的 HTML 代码，如下所示。

```
<!-- 进口玩具列表 -->
<section class="m-t-60">
  <div class="container">
    <div class="thumb">
      <h3 class="title">进口玩具</h3>
      <div class="row">
        <div class="col-sm-6 col-md-4 col-lg-3">
          <div class="product-item">
            <a href="#"><img src="images/sp1.jpg" alt="image"></a>
            <div class="product">
```

图10-4 "进口玩具"页面效果图

```
<h4 class="product-name"><a href="#">小可爱乌龟玩具</a></h4>
<div class="product-price-group">
  <span class="product-price-old">$12,00</span>
  <span class="product-price">$52,00</span>
</div>
</div>
```

```
      </div>
    </div>
    <div class="col-sm-6 col-md-4 col-lg-3">
      <div class="product-item">
        <a href="#"><img src="images/sp2.jpg" alt="image"></a>
        <div class="product">
          <h4 class="product-name"><a href="#">哈皮狗玩具</a></h4>
          <div class="product-price-group">
            <span class="product-price-old">$12,00</span>
            <span class="product-price">$52,00</span>
          </div>
        </div>
      </div>
    </div>
    <div class="col-sm-6 col-md-4 col-lg-3">
      <div class="product-item">
        <a href="#"><img src="images/sp3.jpg" alt="image"></a>
        <div class="product">
          <h4 class="product-name"><a href="#">拼插花朵玩具</a></h4>
          <div class="product-price-group">
            <span class="product-price-old">$12,00</span>
            <span class="product-price">$52,00</span>
          </div>
        </div>
      </div>
    </div>
    <div class="col-sm-6 col-md-4 col-lg-3">
      <div class="product-item">
        <a href="#"><img src="images/sp4.jpg" alt="image"></a>
        <div class="product">
          <h4 class="product-name"><a href="#">帆船玩具</a></h4>
          <div class="product-price-group">
            <span class="product-price-old">$12,00</span>
            <span class="product-price">$52,00</span>
          </div>
        </div>
      </div>
    </div>
    <div class="col-sm-6 col-md-4 col-lg-3">
      <div class="product-item">
        <a href="#"><img src="images/sp5.jpg" alt="image"></a>
        <div class="product">
          <h4 class="product-name"><a href="#">滑翔飞机玩具</a></h4>
```

```
            <div class="product-price-group">
              <span class="product-price-old">$12,00</span>
              <span class="product-price">$52,00</span>
            </div>
          </div>
        </div>
      </div>
      <div class="col-sm-6 col-md-4 col-lg-3">
        <div class="product-item">
          <a href="#"><img src="images/sp6.jpg" alt="image"></a>
          <div class="product">
            <h4 class="product-name"><a href="#">直升飞机玩具</a></h4>
            <div class="product-price-group">
              <span class="product-price-old">$12,00</span>
              <span class="product-price">$52,00</span>
            </div>
          </div>
        </div>
      </div>
      <div class="col-sm-6 col-md-4 col-lg-3">
        <div class="product-item">
          <a href="#"><img src="images/sp7.jpg" alt="image"></a>
          <div class="product">
            <h4 class="product-name"><a href="#">雷电飞机</a></h4>
            <div class="product-price-group">
              <span class="product-price-old">$12,00</span>
              <span class="product-price">$52,00</span>
            </div>
          </div>
        </div>
      </div>
      <div class="col-sm-6 col-md-4 col-lg-3">
        <div class="product-item">
          <a href="#"><img src="images/sp8.jpg" alt="image"></a>
          <div class="product">
            <h4 class="product-name"><a href="#">航母玩具</a></h4>
            <div class="product-price-group">
              <span class="product-price-old">$12,00</span>
              <span class="product-price">$52,00</span>
            </div>
          </div>
        </div>
      </div>
      <div class="col-sm-6 col-md-4 col-lg-3">
```

```
      <div class="product-item">
        <a href="#"><img src="images/sp9.jpg" alt="image"></a>
        <div class="product">
          <h4 class="product-name"><a href="#">飞碟玩具</a></h4>
          <div class="product-price-group">
            <span class="product-price-old">$12,00</span>
            <span class="product-price">$52,00</span>
          </div>
        </div>
      </div>
    </div>
    <div class="col-sm-6 col-md-4 col-lg-3">
      <div class="product-item">
        <a href="#"><img src="images/sp10.jpg" alt="image"></a>
        <div class="product">
          <h4 class="product-name"><a href="#">单人车玩具</a></h4>
          <div class="product-price-group">
            <span class="product-price-old">$12,00</span>
            <span class="product-price">$52,00</span>
          </div>
        </div>
      </div>
    </div>
    <div class="col-sm-6 col-md-4 col-lg-3">
      <div class="product-item">
        <a href="#"><img src="images/sp11.jpg" alt="image"></a>
        <div class="product">
          <h4 class="product-name"><a href="#">卡车玩具</a></h4>
          <div class="product-price-group">
            <span class="product-price-old">$12,00</span>
            <span class="product-price">$52,00</span>
          </div>
        </div>
      </div>
    </div>
    <div class="col-sm-6 col-md-4 col-lg-3">
      <div class="product-item">
        <a href="#"><img src="images/sp12.jpg" alt="image"></a>
        <div class="product">
          <h4 class="product-name"><a href="#">小汽车玩具</a></h4>
          <div class="product-price-group">
            <span class="product-price-old">$12,00</span>
            <span class="product-price">$52,00</span>
```

```
            </div>
          </div>
        </div>
      </div>
    </div>
    <!-- 分页导航 -->
    <nav aria-label="Page navigation">
      <ul class="ht-pagination">
        <li>
          <a href="#" aria-label="Previous">
            <span aria-hidden="true">Prev</span>
          </a>
        </li>
        <li class="active"><a href="#">1</a></li>
        <li><a href="#">2</a></li>
        <li><a href="#">3</a></li>
        <li><a href="#">4</a></li>
        <li><a href="#">5</a></li>
        <li>
          <a href="#" aria-label="Next">
            <span aria-hidden="true">Next</span>
          </a>
        </li>
      </ul>
    </nav>
  </div>
</div>
</section>

<!-- 售后承诺 -->
<section class="process m-t-60">
  <div class="container">
    <div class="row">
      <div class="col-sm-6 col-md-3">
        <div class="media ht-media">
          <div class="media-left">
            <i class="fa fa-cogs color-3"></i>
          </div>
          <div class="media-body">
            <h5 class="media-heading color-3">免运费</h5>
          售后保证
          </div>
        </div>
```

```
      </div>
      <div class="col-sm-6 col-md-3">
        <div class="media ht-media">
          <div class="media-left">
            <i class="fa fa-send color-7"></i>
          </div>
          <div class="media-body">
            <h5 class="media-heading color-7">免运费</h5>
            售后保证
          </div>
        </div>
      </div>
      <div class="col-sm-6 col-md-3">
        <div class="media ht-media">
          <div class="media-left">
            <i class="fa fa-car color-4"></i>
          </div>
          <div class="media-body">
            <h5 class="media-heading color-4">100%退款</h5>
            售后保证
          </div>
        </div>
      </div>
      <div class="col-sm-6 col-md-3">
        <div class="media ht-media">
          <div class="media-left">
            <i class="fa fa-ship color-5"></i>
          </div>
          <div class="media-body">
            <h5 class="media-heading color-5">100%退款</h5>
            售后保证
          </div>
        </div>
      </div>
    </div>
  </div>
</section>
```

（3）添加"进口玩具"页面 CSS 样式

在 style.css 文件中添加"进口玩具"页面 CSS 样式，如下所示。

```
.dropdown-item{
    text-align: center;
}
.dropdown-toggle{
```

```css
        font-size: 20px;
        margin-top: -5px;
    }
    .thumb{
        background-color:#fff;
        padding:20px;
        border:1px solid #eee;
        border-radius:15px;
    }
    .thumb .title{
        font-size: 35px;
    }
    .product{
        position: relative;
    }
    .product-item{
        border:1px solid #eee;
        margin-bottom:30px;
        padding-bottom: 30px;
    }
    .product-name{
        font-size:17px;
        color:#333;
        padding:5px 20px;
    }
    .product-price-group{
        padding-bottom:10px;
    }
    .product-price{
        position: absolute;
        bottom: -30px;
        right: 0;
        font-size:20px;
        color:#fff;
        display:inline-block;
        width:134px;
        height:112px;
        font-weight:500;
        line-height:140px;
        padding-left:30px;
        text-align:center;
        border-bottom-right-radius:10px;
        background:url(../images/bg-price-2.png) no-repeat;
        background-color:#7b92c5;
```

```
}
.product-price-old{
    font-size:18px;
    margin-left:20px;
    margin-top:30px;
    display:inline-block;
    color:#999;
    text-decoration:line-through;
}
.process{
    background:#fff;
    padding:40px 0px 55px 0px;
}
.ht-media{
    border-radius:5px;
    background:#fff;
    padding:30px 20px;
    border:1px solid #eee;
}
.media-left i{
    font-size:40px;
    margin-right: 10px;
}
.media-heading{
    margin-bottom:0px;
    padding-bottom:5px;
    padding-top:0px;
    font-size:16px;
    font-weight:500;
    text-transform:uppercase;
    color:#999;
}
.color-3{
    color:#fd7070!important;
}
.color-4{
    color:#489dd6!important;
}
.color-5{
    color:#7e57cc!important;
}
.color-7{
    color:#f8c40d!important;
}
```

```css
.bot-pie{
    background:url('../images/pie3-1.png');
    height:31px;
    width:100%;
    background-repeat:repeat-x;
    margin-bottom:0px;
    margin-top:-31px;
}
/*分页导航*/
.ht-pagination {
    margin:30px 0px;
    display: flex;
}
.ht-pagination li a{
    margin-right:5px;
    height:40px;
}
.ht-pagination li a,.ht-pagination li span{
    text-align:center;
    color:#333;
    border-radius:3px;
    line-height:1.8;
}
.ht-pagination li a{
    padding-left:15px;
    padding-right:15px;
    min-width:40px;
}
.ht-pagination li a:hover span,.ht-pagination li a:active span,.ht-pagination li
a:focus span{
    color:#fff;
}
.ht-pagination li.active a,.ht-pagination li.active a:hover,.ht-pagination
li.active a:active,.ht-pagination li.active a:focus,.ht-pagination li a:hover,.ht-
pagination li a:focus{
    background:#7b92c5;
    color:#fff;
    border-color:#5f74a2;
}
.ht-pagination i{
    line-height:27px;
}
.ht-pagination>li:last-child>a, .ht-pagination>li:last-child>span {
    border-top-right-radius: 3px;
    border-bottom-right-radius: 3px;
```

```
}
.ht-pagination>li:first-child>a, .ht-pagination>li:first-child>span {
    margin-left: 0;
    border-top-left-radius: 3px;
    border-bottom-left-radius: 3px;
}
.ht-pagination li a{
    border: 1px solid #ccc;
}
```

4. "相关文章"页面代码实现

（1）编辑"相关文章"页面 HTML 代码

分析"相关文章"页面效果图，如图 10-5 所示。"相关文章"页面和"进口玩具"页面结构相同，在此不再赘述。

图 10-5 "相关文章"页面效果图

根据网页结构和内容写出相应的 HTML 代码（省略相同部分），如下所示。

```html
<section class="m-t-60">
  <div class="container">
    <div class="row">
      <div class="col-sm-6 col-md-4">
        <div class="blog-item">
          <a href="#" class="blog-img">
            <img src="images/banner4.jpg" alt="image">
          </a>
          <div class="blog-caption">
          <ul class="blog-date blog-date-left">
            <li><a href="#">tch</a></li>
            <li><i class="fa fa-clock-o"></i>May 04, 2019</li>
            <li><a href="#"><i class="fa fa-comments-o"></i>3</a></li>
          </ul>
          <h3 class="blog-heading">
            <a href="#">科学类玩具</a>
          </h3>
          <p>可吸引孩子观察、比较、收集、分析的科学性玩具。除了引发孩子狂热的好奇心之外，
也让他们养成对各种事物观察、分析、收集资料、动手做、实事求是的习惯。如显微镜、万花筒、各种标本等。
</p>
            <a href="#" class="btn ht-btn bg-3">了解更多</a>
          </div>
        </div>
      </div><!--end blog-->
      <div class="col-sm-6 col-md-4">
        <div class="blog-item">
          <a href="#" class="blog-img">
            <img src="images/banner2.jpg" alt="image">
          </a>
          <div class="blog-caption">
          <ul class="blog-date blog-date-left">
            <li><a href="#">tch</a></li>
            <li><i class="fa fa-clock-o"></i>Sep 07, 2019</li>
            <li><a href="#"><i class="fa fa-comments-o"></i>3</a></li>
          </ul>
          <h3 class="blog-heading">
            <a href="#">科学类玩具</a>
          </h3>
          <p>可吸引孩子观察、比较、收集、分析的科学性玩具。除了引发孩子狂热的好奇心之外，
也让他们养成对各种事物观察、分析、收集资料、动手做、实事求是的习惯。如显微镜、万花筒、各种标本等。
</p>
            <a href="#" class="btn ht-btn bg-3">了解更多</a>
```

```
          </div>
        </div>
      </div><!--end blog-->
      <div class="col-sm-6 col-md-4">
        <div class="blog-item">
          <a href="#" class="blog-img">
            <img src="images/banner1.jpg" alt="image">
          </a>
          <div class="blog-caption">
            <ul class="blog-date blog-date-left">
              <li><a href="#">tch</a></li>
              <li><i class="fa fa-clock-o"></i>Nov 02, 2019</li>
              <li><a href="#"><i class="fa fa-comments-o"></i>3</a></li>
            </ul>
            <h3 class="blog-heading">
              <a href="#">科学类玩具</a>
            </h3>
```
            <p>可吸引孩子观察、比较、收集、分析的科学性玩具。除了引发孩子狂热的好奇心之外，
也让他们养成对各种事物观察、分析、收集资料、动手做、实事求是的习惯。如显微镜、万花筒、各种标本等。
</p>
```
              <a href="#" class="btn ht-btn bg-3">了解更多</a>
          </div>
        </div>
      </div><!--end blog-->
      <div class="col-sm-6 col-md-4">
        <div class="blog-item">
          <a href="#" class="blog-img">
            <img src="images/banner3.jpg" alt="image">
          </a>
          <div class="blog-caption">
            <ul class="blog-date blog-date-left">
              <li><a href="#">tch</a></li>
              <li><i class="fa fa-clock-o"></i>Jan 01, 2019</li>
              <li><a href="#"><i class="fa fa-comments-o"></i>3</a></li>
            </ul>
            <h3 class="blog-heading">
              <a href="#">科学类玩具</a>
            </h3>
```
            <p>可吸引孩子观察、比较、收集、分析的科学性玩具。除了引发孩子狂热的好奇心之外，
也让他们养成对各种事物观察、分析、收集资料、动手做、实事求是的习惯。如显微镜、万花筒、各种标本等。
</p>
```
              <a href="#" class="btn ht-btn bg-3">了解更多</a>
          </div>
```

```
      </div>
   </div><!--end blog-->
   <div class="col-sm-6 col-md-4">
     <div class="blog-item">
       <a href="#" class="blog-img">
        <img src="images/banner4.jpg" alt="image">
       </a>
       <div class="blog-caption">
        <ul class="blog-date blog-date-left">
          <li><a href="#">tch</a></li>
          <li><i class="fa fa-clock-o"></i>Nov 04, 2019</li>
          <li><a href="#"><i class="fa fa-comments-o"></i>3</a></li>
        </ul>
        <h3 class="blog-heading">
          <a href="#">科学类玩具</a>
        </h3>
```
        <p>可吸引孩子观察、比较、收集、分析的科学性玩具。除了引发孩子狂热的好奇心之外，
也让他们养成对各种事物观察、分析、收集资料、动手做、实事求是的习惯。如显微镜、万花筒、各种标本等。
</p>
```
        <a href="#" class="btn ht-btn bg-3">了解更多</a>
       </div>
     </div>
   </div><!--end blog-->
   <div class="col-sm-6 col-md-4">
     <div class="blog-item">
       <a href="#" class="blog-img">
        <img src="images/banner1.jpg" alt="image">
       </a>
       <div class="blog-caption">
        <ul class="blog-date blog-date-left">
          <li><a href="#">tch</a></li>
          <li><i class="fa fa-clock-o"></i>Nov 04, 2019</li>
          <li><a href="#"><i class="fa fa-comments-o"></i>3</a></li>
        </ul>
        <h3 class="blog-heading">
          <a href="#">科学类玩具</a>
        </h3>
```
        <p>可吸引孩子观察、比较、收集、分析的科学性玩具。除了引发孩子狂热的好奇心之外，
也让他们养成对各种事物观察、分析、收集资料、动手做、实事求是的习惯。如显微镜、万花筒、各种标本等。
</p>
```
        <a href="#" class="btn ht-btn bg-3">了解更多</a>
       </div>
     </div>
```

```
        </div>
      </div>
      <!--分页导航代码部分省略-->
    </div>
</section>
```

（2）添加"相关文章"页面 CSS 样式

在 style.css 文件中添加"相关文章"页面 CSS 样式如下。

```
.blog-item{
    padding:20px;
    background:#fff;
    border-radius:10px;
    margin-bottom:30px;
}
.blog-item > .blog-img{
    background:#fff;
    display:block;
    border-radius:10px;
}
.blog-item img{
    width:100%;
}
.blog-item .blog-caption .blog-heading{
    padding:0px 0px 5px 0px;
    font-weight:500;
}
.blog-item .blog-caption h2.blog-heading{
    padding-bottom:10px;
    padding-top:5px;
    font-size:30px;
}
.blog-item .blog-caption h3.blog-heading{
    padding-top:10px;
    padding-bottom:10px;
    font-size:20px;
}
.blog-item.blog-item-small .blog-caption h3.blog-heading{
    padding-top:10px;
    padding-bottom:10px;
    font-size:18px;
}
.blog-item .blog-caption .blog-heading a:hover{
    color:#fd7070;
}
.blog-item .ht-btn{
```

```
        margin-top:10px;
}
.blog-item-border,.blog-item-img-border .blog-img{
    border:1px solid #eee;
}
.blog-item-img-border .blog-img{
    padding:20px;
}
.blog-item-img-border{
    padding:0px;
}
.blog-date{
    padding-top:20px;
    width:100%;
    display:inline-block;
}
.blog-date-left{
    margin-left:-5px;
}
.blog-date li{
    display:inline;
    color:#777;
    padding:0px 5px;
    font-family:arial;
    font-size:14px;
}
.blog-date li i{
    margin-right:5px;
}
.blog-date li:first-child a{
    color:#fd7070;
}
.blog-date li a{
    font-size:inherit;
    font-family:inherit;
    color:inherit;
}
.blog-date li a:hover{
    text-decoration:underline;
}
.bg-3{
    background-color:#fd7070;
    color:#fff;
}
```

5. "联系我们"页面代码实现

（1）编辑"联系我们"页面 HTML 代码

"联系我们"页面效果图如图 10-6 所示。

图 10-6 "联系我们"页面效果图

根据网页结构和内容写出相应的 HTML 代码（省略相同部分），如下所示。

```
<section class="m-t-60">
  <div class="container">
    <div class="thumb p-30">
```

```
        <h3 class="title">联系我们</h3>
        <div class="row">
         <div class="col-sm-7 col-md-7 col-lg-8">
            <form class="contact-form">
              <div class="form-group">
                <input type="email" class="form-control form-item" placeholder="电
子邮箱">
              </div>
              <div class="form-group">
                <input type="text" class="form-control form-item" placeholder="手
机号码">
              </div>
              <div class="form-group">
                <input type="text" class="form-control form-item" placeholder="联
系地址">
              </div>
              <textarea class="form-control form-item h-200 m-b-15" placeholder="
留言" rows="8"></textarea>
              <button type="submit" class="btn ht-btn bg-3">发送</button>
            </form>
          </div>
          <div class="col-sm-5 col-md-5 col-lg-4 p-t-40">
            <p class="f-25 f-bold m-t-20">0188-678-088</p>
            <p class="m-b-15">Support@babystore.com</p>
            <p>广州市海珠区新港西路 125 号</p>
          </div>
        </div>
      </div>
  </div>
</section>
```

（2）添加"联系我们"页面 CSS 样式

在 style.css 文件中添加"联系我们"页面 CSS 样式，如下所示。

```
.form-item{
    padding:10px 15px;
    border-radius:3px;
    border:1px solid #eee;
    margin-bottom:15px;
    box-shadow:0px 0px 0px #fff;
}
.form-item:focus,.form-item:active{
    border:1px solid #eee;
}
```

任务小结

本任务通过让读者使用 Bootstrap 框架完整地制作一个电子商务网站来进一步巩固所学知识，达到举一反三的目的。

课后练习

在此项目的基础上，尝试制作"关于我们"页面的响应式布局。